L'obsession du TEMPS
TOME II

BERNARD JOLY

L'obsession du TEMPS
TOME II

Catalogage avant publication de Bibliothèque et Archives nationales du Québec et Bibliothèque et Archives Canada

Joly, Bernard, 1945-

    L'obsession du temps. Tome 2

    Comprend un index.

    ISBN 978-2-9815078-9-1 (couverture souple)

    1. Temps. 2. Temps (Philosophie). I. Titre.

BD638.J642 2017   115   C2017-940835-6

Les éditions Mine d'Art
www.leseditionsminedart.com

c Droits réservés Jean-Pierre Veillet

Dépôt légal :   Bibliothèque et Archives nationales du Québec
                     Bibliothèque et Archives Canada

bernjoly@outlook.com

Un mot de l'éditeur,

Il y a des gens comme M Joly qui mérite d`être édité, car il partage avec vous, le lecteur, sa richesse d`humaniste, ainsi que ses connaissances scientifiques et philosophiques qu`il vulgarise avec une habileté peu commune. Ce livre vous donnera une nouvelle façon de voir le monde et de donner un sens nouveau à notre vie sur terre. Cette création littéraire est extrêmement inspirante, Au point de vous amener vers une certaine spiritualité.

Alors, je dis merci et bravo à M. Joly pour ce livre magnifiquement brodé.

Jean-Pierre Veillet

Remerciements

Merci à mon fils Marc pour son support indéfectible à tous mes projets artistiques.

Merci également à mon beau-frère Jean-Paul Provost, ex-enseignant en psychologie, d`avoir accepté de rédiger la préface de ce tome 2. Vraiment une très belle préface qui d`une façon concise touche à l`essentiel de ce livre. Merci beaucoup Jean-Paul.

Aussi, bien sûr, merci à madame Céline Petit-Martinon, une collaboratrice très importante qui sans relâche corrige et recorrige tous mes textes et s`assure de l`usage d`un bon français écrit.

Merci infiniment à Denyse Bonin, une bonne amie, qui a une très bonne connaissance de la langue française. De ce fait, elle a corrigé tout mon manuscrit avec une rigueur impressionnante. Merci encore Denyse.

Merci à Annie Lafrenière qui encore une fois a réalisé une très belle infographie de la page couverture.

Je tiens à remercier également ma nièce Pauline et son mari André pour leur support dans ma vie de tous les jours. Ils sont pour moi une aide réconfortante et sécurisante.

Et enfin, merci à mon éditeur Jean-Pierre Veillet qui travail avec acharnement à promouvoir les livres qu`il a accepté de prendre en charge. Jean-Pierre est devenu un grand ami. Merci Jean-Pierre.

PRÉFACE

Quand on n'envisage plus la vie, mais le reste de la vie, s'installe parfois le temps de prendre son droit de parole. Le temps d'affirmer que malgré le mal et les scénarios de mondes hostiles, il y a la grandeur et la beauté de vivre, et aussi ce privilège qu'on a eu de naître dans cette grandiose parcelle d'univers.

Entre la philosophie et la science, cet ouvrage qui tient du témoignage, nous fait partager le don d'émerveillement de l'auteur et le meilleur de ses réflexions à travers les annotations qu'il a patiemment colligées de ses lectures des grands penseurs.

Au fil du savoir, sa quête d'explications pour donner un sens positif à la vie, nous transporte des lueurs de l'aube de la connaissance jusqu'aux dernières découvertes, grâce à la prodigieuse technologie dont nous disposons aujourd'hui.

En alternance, c'est sa vision humaniste, d'une vie riche d'expériences et d'émotions, qui nous offre l'opportunité de nous familiariser aux notions complexes des grandes découvertes scientifiques. Pensant que l'ignorance fait obstacle à notre bien-être individuel et collectif, il propose la pleine conscience comme juste panacée. Pour l'auteur, il est impératif de transformer l'information en savoir et le savoir en sagesse.

En libre penseur, fort de ses convictions, il révèle sa juste colère face à nos paradoxes et nos contradictions quand la vie même est menacée par le fanatisme des fous-de-dieu. Et aussi, par l'égoïsme aveugle des grands décideurs de ce monde et de leurs politiques qui refusent systématiquement de prendre les bonnes décisions pour réduire les dommages environnementaux et sociaux.

Finalement, s'éloignant sereinement du fatalisme et s'inspirant du dynamisme de la Foi et de l'espoir, l'auteur nous propose la méfiance face aux idéologies qui placeraient la culpabilité au-dessus du bonheur : cette perception des belles choses de la vie et de l'amour de la vie.

Gratitude pour l'analyse de l'espace-temps : le passé et l'avenir de l'homme. Une introspection pleine de sagesse qui nous propose un ultime message d'espérance.

Peut-être sommes-nous devenus, grâce à Dieu et par le long processus évolutionnaire qui a créé la conscience, la plus merveilleuse réalisation de l'univers…des êtres d'éternité!

Jean-Paul Provost M. Ps.
Professeur de psychologie

INTRODUCTION

Ce temps qui nous échappe!

 Regardez bien toutes ces phrases que l'on peut dire à tous les jours de notre vie, d'une façon spontanée et naturelle qui sont toutes liées au temps.

- Dit donc, que fais-tu demain?
- As tu eu le temps de finir ton travail d'écriture?
- Oublis ça, je n'aurai pas le temps.
- Y a pas de problème, j'ai tout mon temps.
- À quelle heure penses-tu arriver?
- Je devrais arriver dans pas grand temps.
- Le temps de le dire, c'était fait.
- Je l'ai réalisé en deux temps trois mouvements.
- Je te le dirai en temps et lieux.
- J'ai perdu mon temps.
- Il serait temps d'en finir.
- Va-t-on avoir le temps de faire l'épicerie?

 Bien sûr, il y en a plein d'autres de ces courtes phrases que l'on dit à tous les jours de notre vie. Il n'y a rien de plus normal à cela puisque c'est avec le temps que s'organise toute notre vie (travail, loisirs, repas, sommeil, projets, études, etc).

On dit que le passé est garant de l'avenir (en bien ou en moins bien).donc, l'avenir peut être la résultante d'un passé trouble ou joyeux propre à chaque individu.

C'est donc dans ce sens que j'ai orienté l'écriture de ce deuxième tome. C'est-à-dire, plus axé sur le développement psycho-social, familial et psychologique de l'être humain, en tant qu'être qui a conscience « d'être ». Ce sera également une étude plus approfondie de la neuroscience du cerveau, et ainsi, essayer de comprendre son fonctionnement, autant qu'il se peut.

Bien sûr, tout cela, dans un ordre chronologique, on n'a pas le choix, toute évolution se fait dans un ordre chronologique.

J'y ajouterai également plus de réflexions personnelles.

Brièvement, les sujets seront :

La pédofaune, les plantes, bébé naissant, adulte, suicide, et bien d'autres sujets.

Mais, il y aura toujours de l'espace réservé aux phénomènes si extraordinaires et miraculeux qui ont œuvré à créer l'univers, notre système planétaire incluant bien sûr notre Patrie, la terre, et l'apparition de la vie, son évolution et la protection et persistance du maintient de l'existence.

Je vais d'ailleurs débuter le premier chapitre par quelques réflexions de certains scientifiques sur le thème du « temps ».

INTRODUCTION

Alors voila, je vous souhaite une belle lecture avec un bon chocolat chaud, pourquoi pas !

Dans le calme et la sérénité. Ça, c'est le bonheur.

OBSESSION 1

Ce temps qui nous échappe.

« Il apparaît que l'événement fondateur du COSMOS ne peut être considéré comme une étape parmi d'autres dans le déroulement du temps; il est le seul à ne pouvoir être situé sur une échelle de durée ».

Albert Jacquard, de son livre « DIEU ».

Il est dit que : « *Entre 10^{-44} et 10^{-38} seconde, l'espace-temps fluctue. Un centième de milliardième de milliardième de milliardième de milliardième de seconde après sa naissance, l'Univers est minuscule. Il est lui-même soumis aux lois quantiques : Le temps et l'espace se trouvent dans plusieurs états à la fois.* »

Revue, Science et vie no1160, page 75.

Ce qui fait dire à Igor et Grichka Bogdanov, cité dans leur livre *(Le visage de Dieu)* :

« Avant le Big Bang, le temps réel n'existe pas encore. La question de savoir ce qu'il y avait avant le Big Bang équivaut un peu à se demander ce qu'il y avait avant que vous n'introduisiez le CD dans le lecteur : La mélodie était bien là, mais sous forme d'informations.

Lorsque le CD de musique est diffusé grâce à de l'énergie sur les enceintes de votre chaîne Hi Fi, vous entendez la mélodie en temps réel. Or sitôt le morceau achevé, vous éjectez le disque de la chaîne : le CD quitte alors le monde des sons et de l'énergie pour se réduire aux seules informations gravées dans ses sillons. » (Page 248, 249).

« Nous en déduisons donc, qu'à l'instant ZÉRO, il n'y a rien d'autre que de l'information. Quelque chose de purement numérique, mais qui encode toutes propriétés de l'Univers « destiné » à apparaître après le Big Bang. »(Page 249).

« Le temps est en profondeur lié à l'existence de l'énergie dans notre monde. C'est ce qui fait que les choses bougent, explosent, se transforment, etc. **Sans le temps, pas d'énergie.** » (Page 245).

Que dit Albert Jacquard dans son livre intitulé « DIEU »? (Page 74) :

« L'écoulement du temps n'a de sens que dans la mesure où des événements se succèdent. C'est cette succession des événements qui génèrent le temps, et non le temps qui spontanément s'écoule pour permettre à ceux-ci de se succéder. Par contre, il est cité dans le livre des frères Bogdanov (Le visage de Dieu), page 78, une pensée de

OBSESSION 1

Saint Augustin disant ceci : « L'Univers n'est pas né dans le temps, mais bien avec le temps. » Exactement ce que dira Einstein 1,500 ans plus tard.

« *Rappelons-nous La phrase de saint Augustin : « Si rien ne se passait, il n'y aurait pas de temps passé.* » *Le Big Bang étant défini comme l'origine à la fois de l'espace et des objets qu'il contient; ce dernier n'a commencé à s'écouler qu'à partir de cet instant; il n'y a donc pas eu d'« avant ».*

Albert Jacquard, de son livre « DIEU », page 74.

Cela rejoint l'idée des frères Bogdanov lorsqu'ils disent qu'avant le Big Bang, le temps réel n'existe pas. Ce temps que nous concevons et comprenons dans le déroulement des événements dans nos vies, sur terre.

OUF! Là, c'est presque plus de la philosophie ou de la métaphysique que de la science, ou un mix des deux. Vous savez, les scientifiques ne s'accordent pas toujours entre eux. Il arrive que ce soit plus des combats entre eux que des débats. Enfin bref.

Bon, essayons de comprendre tout cela avec le plus de logique possible, car j'avoue que je suis pas mal mêlé moi-même : quitte à contredire ces scientifiques de renom. Nous avons tous droit à nos opinions, n'est-ce pas?

Alors, allons-y.

Il est dit que c'est d'un minuscule point que sera propulser l'Univers, d'une énergie qui frôle l'infini à une température folle. Le point initial contiendrait déjà toute l'énergie et toute l'information pour créer l'Univers. À l'évidence, c'est d'une énergie extrêmement puissante et volontaire qu'est crée l'Univers. Cela se comprend aisément.

Alors, pour moi, cela vient déjà contredire ce que disent les frères Bogdanov, lorsqu'ils citent : « Sans le temps pas d'énergie ».

Cela présuppose que c'est le temps qui créer l'énergie.

À moins qu'ils veuillent dire ; à quoi servirait le temps s'il n-y a pas d'énergie? Alors là, il faudrait être dans leur tête pour comprendre le cheminement mental de cette idée.

Tant qu'à Albert Jacquard, il dit, du même livre cité précédemment :

« C'est la succession des événements qui génère le temps, et non le temps qui spontanément s'écoule pour permettre aux événements de se succéder. » (Page 74)

Lorsqu'il dit événements, cela veut bien sûr dire la matière. Et cette matière pour se propulser et se déployer à grande vitesse dans l'Univers, ça lui prend bien évidemment de l'espace.

Donc, l'énergie, est le point de départ de la création lors du Big Bang, et ce serait la matière (disons événements si vous préférez) qui crée le temps. Je suis plutôt d'accord avec l'idée que le temps a été crée en même temps que la matière (ou les événements si vous préférez). Et l'espace elle?

Voici ce qu'en dit Bill Bryson dans son livre « Une Histoire de tout, ou presque ». (page 22).

« Quand l'univers entame son expansion, il ne s'élargit pas pour remplir un vide plus grand que lui. Le seul espace qui existe est celui qu'il crée en se dilatant. »

Un peu comme l'a très bien démontré Bill Bryson du même livre cité précédemment page 347.

« Les protéines ne peuvent pas exister sans l'ADN, et l'ADN ne sert à rien sans les protéines. Il suppose donc qu'ils ont surgis simultanément à seule fin de s'épauler mutuellement. Mais vous savez, tout cela, c'est bien souvent des théories, hypothèses, et rien ne peut vraiment être confirmé hors de tout doute.

Bon, Je vais me permettre quand même de vous dire ce que j'en pense.

En premier : L'énergie créatrice.

En deuxième : L'Univers et tout ce qu'il contient serait né avec le temps.

En troisième : L'espace se crée simultanément avec l'expansion de l'Univers (la matière), et s'inscrit dans le temps matériel (physique) que nous comprenons. Finalement, je crois que l'on peut dire qu'il n'y a pas de premièrement, ni deuxièmement, ni troisièmement, mais que tout a été créé en même temps. Qu'en pensez-vous? À vous d'en juger.

Cessons de nous casser la tête maintenant et venons-en au temps de chez nous. Ce temps que nous traversons dans notre croissance biologique et mentale. Bien sûr dans notre temps, ce n'est pas nous qui générons le temps, le temps existe par lui-même et nous impose sa présence à tous les jours de notre vie.

Passons maintenant à d'autres propos « sur terre »

Avant d'en venir au sujet de l'évolution de l'être humain du point de vue psychologique, neurologique, social et familiale, je vais vous citer trois belles réflexions philosophiques d'Hubert Reeves provenant de son très beau livre : « Poussières d'Étoiles ».

« *Comme les cellules de la mer primitive, l'embryon humain se développe dans l'eau du ventre maternel. Dans l'ordre déterminé par les messages de l'ADN, le corps s'allonge, le cerveau se développe, les membres poussent et les yeux se préparent. L'Univers s'apprête à prendre conscience de lui-même.* » (Page24). « *L'homme antique vivait en étroite relation avec le ciel nocturne. La nuit tombée, les étoiles devenaient sa réalité, son contact avec le vaste Univers. Les lampadaires ont éteint le ciel et rompu la relation. Les étoiles, aujourd'hui, sont des êtres fictifs.* » (Page 27).

« *L'aliénation de l'homme moderne par rapport à la nature, les impératifs du confort nous imposent un cadre de vie physique artificiel, fait de matériaux préfabriqués, de produits aseptisés et d'air conditionné. Nos voitures sont des forteresses de métal qui nous présentent le monde à travers leurs vitres teintées.* » (Page28).

Oui, et je rajouterai ceci : Tous nos sens sont victimes d'une pollution à grande échelle, particulièrement dans les grandes villes.

Notre sens olfactif est pollué par toutes ces mauvaises odeurs de cambouis, de fumée malsaine provenant des cheminés du secteur industriel, de gaz carbonique, d'un excès de poussière dérivant de toute l'activité des grands centres urbains, etc.

Notre vision est perturbée par l'excès d'affiches de toute sorte, par l'excès surtout de panneaux publicitaires placardés partout dans les grandes villes, qui nous incitent constamment à acheter toujours plus.

Et nos oreilles sont excitées par tous ces bruits toujours présents dans nos grandes villes comme : Le bruit des sirènes de voitures de police, de pompier, d'ambulance, des motos, etc.

Vous me direz peut-être que ce n'est pas très joyeux comme entrée à la matière de tous les sujets à venir sur l'être humain, mais il est très important de réaliser à quel point nous sommes dépendant de la nature et de ce fait, nous devons absolument en prendre soin et la protéger.

Je me rappelle, j'avais entre huit et dix ans, et comme tous les enfants, j'adorais, le soir venu, m'étendre sur la pelouse, sentir l'odeur vivifiante de l'herbe fraîche. Étendu sur le dos, je regardais le ciel, (j'aime dire, la voûte céleste) et dans cette voûte céleste, il y avait tout plein d'étoiles scintillantes,(des milliers). Elles brillaient de tout feu comme des lampions à forte densité, c'était tout simplement féérique.

J'étais en admiration devant cette beauté nocturne. C'était d'une splendeur à vous saouler de joie. J'avais l'énorme impression de voir Dieu à travers sa création. Quel bonheur!

Je m'ennuie de ce temps là, pas pour ma jeunesse, mais bien pour tout ce qu'on a perdu comme source d'émerveillement.

Bon, abordons maintenant les sujets principaux de ce livre.

Les bactéries (brièvement)

Rappelons-nous que les bactéries ont vécu des milliards d'années sans nous, et ce que je veux ajouter ici au tome1 de l'obsession du temps est un constat assez surprenant et impressionnant.

« *Certains scientifiques pensent aujourd'hui qu'il pourrait y avoir jusqu'à cent milles milliards de tonnes de bactéries vivant sous nos pieds dans ce que l'on appelle des écosystèmes microbiens lithoautotrophiquées souterrains. Thomas Gold, de Cornel University, a estimé que si l'on sortait toutes les bactéries de la terre et si on les déversait à la surface, elles recouvriraient la planète sous une couche de 1.5 mètre. Si ces estimations sont justes, il pourrait y avoir plus de vie sous terre qu'en surface.* »

Du livre de Bill Bryson « Une histoire de tout…ou presque » (page 367).

Les microbes :

« *Selon Woese, si l'on totalisait toute la biomasse de la planète, chaque chose vivante, plantes incluses, les microbes formeraient 80% du tout, peut-être plus. Le monde appartient à l'extrêmement petit, et cela depuis très longtemps.* » *(Bill Bryson, page375).*

OBSESSION 1

Provenant maintenant de l'excellent livre de David Suzuki, (L'Équilibre sacré).

« Si par toute la planète, la vie sous terre est distribuée selon la même densité qu'on trouve au fond des puits de mines, on évalue que le poids du protoplasme souterrain est supérieur à celui de tous les êtres vivants (baleines, forêts, hardes de mammifère, etc) au dessus du sol.) » (Page 138).

« Chaque centimètre cube du sol et de sédiments, fourmille de milliards de microorganismes. Le sol produit de la vie parce qu'il est lui-même vivant. »(Page 135).

« Une seule poignée de mousse de sol forestier, par exemple, peut abriter 15,000 protozoaires, 13,200 tartigrades, 3,000 collemboles, 800 rotifères, 400 mites, 200 larves et 50 nématodes. » (Page 41).

***

Comme vous voyez, j'y vais toujours dans un ordre chronologique, le temps étant ce qu'il est. Nous allons maintenant aborder le sujet des plantes.

Ces plantes sont également apparus bien avant nous, c'est-à-dire, il y a environ 475 millions d'années, comme pour préparer notre venu sur terre.

C'est grâce à eux que nous pouvons respirer. Ils nous fournissent l'oxygène nécessaire à notre survie.

Après avoir lu ce qui suit, vous allez être, je pense, assez surpris des caractéristiques particulières des plantes, et devrez admettre qu'elles sont beaucoup plus que belles et bonnes pour enjoliver nos parterres.

La sensibilité des plantes

Tout ce que vous allez lire provient presque essentiellement du livre de Jean-Marie Pelt, ayant comme titre : « *Les langages secrets de la nature* ».

« Les botanistes ont mis en évidence que les plantes peuvent être perturbées par un simple contact. Le seul fait de les toucher fréquemment conduit à les freiner dans leur croissance et finit par les conduire à adopter une taille plus courte. Comme si la plante se recroquevillait sur elle-même sous l'effet, non seulement d'agression, mais d'un excès de contacts physiques. »(Page 148).

Les plantes sont sensibles au toucher et réagissent à toutes sortes de contacts : un vent violent, un spray d'eau intense les perturbent.

La sensibilité des plantes au toucher n'a été démontrée avec précision qu'au début des années 70. » (page149).

Écoutez bien ceci :

« Après la fleur, le fruit. Connaissez-vous la momordique, humble cucurbitacée, assez commune dans le monde méditerranéen? Son fruit qui ressemble à un petit concombre est d'une inexplicable exubérance. Il suffit qu'on le touche au moment de sa maturité pour qu'il se détache brutalement de son pédoncule et éjecte à travers l'ouverture ainsi produite un jet puissant et mucilagineux, mêlé de nombreuses graines.

Ce jet est assez fort pour emporter la semence à 4 ou 5 mètres de la plante mère! Un jet aussi extraordinaire que si nous parvenions, toutes proportions gardées, à nous vider, d'un seul mouvement spasmodique de toutes nos viscères, et les projections à un demi-kilomètre de ce qu'il resterait de nous. » (Page 159-160).

« Plus extraordinaire encore, le cas d'une sorte de sauge aux pétales rouges comme une soutane de cardinal, dont l'extrémité de l'organe femelle évoque la forme d'un « bec » avide de pollen. Que la fleur reçoive du pollen de son espèce, et le « bec » se referme aussitôt avec gloutonnerie. Mais si le pollen provient d'une espèce étrangère, il se rouvre en revanche rapidement (au bout d'environ un quart d'heure). Si le pollen convient, il ne se rouvre que lentement, au bout de plusieurs heures. Tout se passe en somme comme si la fleur « goutait » le pollen et rejetait celui qui ne lui convient pas. » (Page 159).

Non seulement les plantes sont sensibles au touché, mais elles semblent également capable d'évaluer certaines choses.

Les plantes, donc, sont sensibles au toucher, mais elles sont également sensibles au son de la musique!

« Dans les années soixante, le Dr Singh, botaniste de l'Université d'Annamalaï, féru d'histoire ancienne de l'Inde, fit écouter de la musique à ses plantes et constata une croissance plus rapide et une plus grande robustesse que chez des plantes témoins. De surcroît, il semblerait même que des plantes à fleurs soient en avance lors de leur floraison par le simple fait d'une exposition prolongée à la musique. » (Page 218).

Maintenant, est-ce-que les plantes communiquent entre elles?

« Eh bien oui. Les plantes communiquent entre elles par un gaz, l'éthylène. Depuis quelques années on le trouve impliqué dans de nombreux processus de la vie des plantes. Il s'agit en somme d'une véritable hormone : une hormone gazeuse qui, sécrétée par une plante agit sur un autre organe de cette plante ou sur des plantes voisines. » (Page 102).

« La communication chimique (tout comme les cellules dans notre corps) entre plantes au moyen d'un gaz interposé serait un mécanisme fondamental de la régulation de la prédation dans la nature. » (Page 102).

« Plus la recherche progresse, plus les astuces végétales ne cessent de nous surprendre : on sait aujourd'hui que des plants de maïs attaqués par des chenilles émettent un cocktail qui attire puissamment les guêpes parasites et destructrices des dites chenilles conformément au vieux principe des stratèges militaires ou politiques : « L'ennemi de mon ennemi est mon ami »

L'agent de cette très performante communication entre la plante et l'insecte est toujours gazeux. » (Page) 104).

La mémoire des plantes

« Au cours de ces dernières années, des phénomènes électriques ont été mis en évidence chez les plantes réactives où le signal est lié au système de gonflement et de dégonflement par l'eau des cellules sensibles (turgescence). Longtemps, on a cru que ces signaux étaient de nature chimique. Or la démonstration a pu être faite qu'il s'agit de signaux électriques semblables à ceux que l'on constate chez les animaux inférieurs. Ainsi, un nouveau lien a-t-il pu être établi entre le monde végétal et le monde animal par la découverte de ces « influx nerveux », chez les tomates notamment, les chercheurs n'hésitant pas à souligner que ce réseau de conduction qui, pour les longues distances, s'effectue par le système vasculaire des plantes, n'est pas sans évoquer un système nerveux.

Bien plus, à la notion de migration d'une onde électrique s'ajoute la capacité du végétal à mémoriser un signal, notamment un traumatisme qu'on lui a fait subir. » (Page 169-170).

« Plus encore, selon Cleve Backster (d'après ses singulières expériences), les plantes réagissent avec une grande sensibilité, non seulement aux agressions, mais également aux intentions agressives qu'on porte à leur endroit : ce qui semble impliquer des capacités sensorielles encore totalement inconnues. Poursuivant ses travaux (vers 1966), ce chercheur autodidacte affirmait par exemple que les plantes ont une mémoire vive et sont capables de distinguer une personne qui s'occupe d'elle, d'une personne hostile. C'est en observant l'agitation subite de l'aiguille enregistreuse du galvanomètre de son détecteur de mensonge, lors d'un stimulus, que Backster étaya ses propos : qu'une personne hostile entre dans la pièce et l'« émotion végétale » produite se traduit aussitôt sur l'appareil par de fortes oscillations qui ne se produisent pas si la personne se montre amicale.»(Page 204-205).

Voici un autre constat sur la MÉMOIRE des plantes, cette fois-ci, provenant de la revue « Cerveau, *Science et conscience no 14, page 64,* citant le Dr. Jean-Louis Garillon ».

« Des expériences réalisées par des chercheurs américains sur l'aura peuvent illustrer la capacité cognitive et de **mémoire** des tissus vivants pour l'organisme dont ils proviennent. Par exemple, on a sectionné une partie de feuille à une feuille saine et entière, issue d'une plante normale, puis on a effectué des photographies de cette feuille partiellement amputée à l'aide d'appareils très sensibles, capables de capter les champs de fréquences UHF, laser, acoustiques, et autres champs électromagnétiques.

À la surprise de ces chercheurs, il a été observé une image de la plante entière sur la photographie synthétisée!

Comment la partie de feuille amputée peut-elle être restituée sur la photo, puisque matériellement absente? Cela signifie que les cellules restantes de la feuille sont capables de **mémoire** (sous la forme d'un champ électromagnétique structuré) de l'image quantique de l'organisme entier dont il est issu et qui a été conçu par la nature. » (Page 64).

Curieusement, cela rejoint la spécificité de l'hologramme. « En effet, l'hologramme possède une qualité prodigieuse et exceptionnelle, à savoir que chacune de ses parties contient l'information de la totalité. Ainsi, la feuille porterait en elle l'information relative à la totalité d'elle-même.» (Page 63).

Ainsi donc, les plantes, arbres inclus, possèderaient des facultés tel que : la sensibilité, un certain langage, une mémoire, et même, encore plus stupéfiant, une certaine capacité de jugement. WOW !

Jean-Marie Pelt (du même livre cité précédemment, page 139) dit ceci :

« L'on ne réconciliera l'homme avec la nature que dans la mesure où l'on saura aussi le réconcilier avec lui-même et ses semblables. »

Oui, nous faisons tous partie d'un tout, et comme déjà dit, **Tout est UN.**

Parlant de végétation et de nature, il me vient en tête une réminiscence de ma jeunesse et également une belle pensée de mon père, écrit de sa main que j'ai toujours conservé, la voici :

« Que la paix de vos cœurs soit à l'unisson de la nature, que votre partage soit le bonheur pour le présent et le futur. »

Victor Joly

N'est-ce-pas, que c'est beau et inspirant!

Oui, mon père avait le pousse vert (ou la main verte). Il s'occupait de ses arbres et plantes avec tendresse et amour, et de ce fait, les plantes lui rendaient bien son attention envers elles par leur beauté et leur santé.

Donc, je devais avoir dix ou douze ans, et j'habitais, bien sûr avec mes parents, ainsi que mon frère ainé Jean-Jacques et ma sœur Micheline, dans un joli cottage situé dans le chic quartier Rosemont (Petite Patrie).

J'adorais tondre la pelouse, l'odeur qui se dégageait du gazon fraîchement coupé excitait mes narines et me procurait un réel bonheur. Mais le summum, c'était lorsque mon père taillait sa haie de caragana. Elle longeait tout le pourtour du terrain, situé sur un coin de rue. Et là, je ramassais une branche tombée au sol et j'humais de très près l'odeur de la sève qui se dégageait de la branche. J'avais l'impression de sentir toute la puissance de la vie dans une seule branche de caragana. Quelle odeur délicieuse, vivifiante et rafraîchissante.

Ah! Quels beaux souvenirs.

Continuons maintenant notre ascension chronologique de la vie sur terre.

Nous savons que les plantes se sont propagées sur terre à partir d'il-y-a environ 475 millions d'années. Les insectes eux, il-y-a 400 millions d'années et les plantes à fleurs, arrivent sur terre il-y-a approximativement 140 millions d'années.

Naturellement, avec l'arrivée des plantes à fleurs, ça prend des insectes polinisateurs pour la plupart d'entre elles, afin de disperser leurs semences leur assurant une descendance. Et c'est là qu'interviennent les insectes polinisateurs comme : les papillons, les guêpes, les abeilles etc.

Comme par hasard, tient donc!

OBSESSION 1

***

Je vais donc prendre un peu de temps pour parler des abeilles, et ce que vous allez lire provient, cette fois-ci du livre de Howard Bloom ayant comme titre : *Le Principe de Lucifer, tome 2*. Vous allez voir, c'est fascinant.

Les abeilles

« L'esprit collectif d'une ruche est capable de prouesses mentales remarquables. Lors d'une expérience, des abeilles furent soumises à un test de QI inattendu. Un plat d'eau sucrée fut placé à l'extérieur de la ruche. Les insectes, bourdonnants, le trouvèrent rapidement et suivant leur chef, concentrèrent leur attention collective sur l'aspiration de chaque molécule de glucose contenue dans le bocal. Le lendemain, il fut placé dans un lieu deux fois plus éloigné de la ruche. Les abeilles utilisèrent trois des astuces qui permettent à un cerveau collectif de se développer : la hiérarchie, le regroupement d'informations et l'imitation pour localiser le nouvel emplacement.

Ensuite, chaque jour, les chercheurs doublèrent la distance séparant le plat de la ruche. Cette distance suivait une progression arithmétique qui ferait trébucher nombre d'êtres humains soumis à un test d'aptitude. Là, vint un moment qui époustoufla littéralement les chercheurs, au bout de quelques jours, l'essaim n'attendit plus le retour des éclaireuses munies de leur dernier bulletin de renseignements. Bien au contraire, lorsque les scientifiques arrivèrent pour déposer l'eau sucrée, ils découvrirent que les abeilles les avaient devancés. Tels des transistors regroupés sur la puce d'une calculatrice de poche, les abeilles avaient calculé l'étape suivante d'une série mathématique. En effet, il y a de quoi être complètement abasourdi. » (Page 58-59).

Ce n'est pas tout.

« Une abeille exploratrice parcourt un trajet excentrique à la recherche de nourriture. Si elle tombe sur une cachette prometteuse, elle n'agit pas sur un coup de tête. Elle vérifie deux ou trois fois ses conclusions et refait le trajet plusieurs fois pour mémoriser sa position. Puis elle retourne à la ruche et utilise l'une des premières formes de représentation symbolique connues dans l'évolution ; une danse. Virevoltant à l'intérieur de la ruche sombre, elle trace le chiffre 8. Son orientation indique la direction de sa découverte par rapport à la position du soleil. La vitesse et le nombre de ses mouvements, ainsi que la ferveur de ses frétillements bruyants, indique la richesse de la source de la nourriture et la difficulté du vol (un kilomètre sous un vent fort consomme plus d'énergie qu'avec une météo paisible). Son public suit ses trémoussements instructifs, hume sur son corps l'odeur de nourriture, ressent ses mouvements, attentif, non seulement à chaque geste apportant les instructions, mais aussi à l'énergie de l'exécutante permettant d'évaluer l'objectif. » (H. Bloom, volume2, page 60).

Si ce n'est pas de l'intelligence ça, dites-moi ce que c'est!

Je pensais ne parler que de l'abeille, mais j'ai le goût de vous parler également d'un autre insecte aussi important que l'abeille, c'est-à-dire ; la fourmi.

Je vais rappeler un texte déjà relevé dans le tome 1 de « L'Obsession du temps » provenant du livre de David Suzuki, « L'Équilibre sacré » à la page 249.

« Si nous devions disparaître aujourd'hui (nous les humains), l'environnement terrestre retrouverait l'équilibre fertile qui le caractérisait avant l'explosion de la population humaine.

Mais si les fourmis devaient disparaître, des dizaines de milliers d'autres espèces végétales et animales périraient aussi, ce qui simplifierait et affaiblirait presque partout l'écosystème terrestre. »

Alors, comme vous voyez, c'est assez éloquent comme constat, et cela vous démontre vraiment l'importance de la fourmi. Je le répète, **Tout est UN.**

Le texte suivant provient également de Howard Bloom, du même livre cité précédemment.

Les fourmis

« Les fourmis dont les signes de sociabilité sont apparus moins de 80 millions d'années avant J.C. utilisent leur « esprit » connecté dans un but bien précis; la guerre tactique. Les mécanismes de coordination qui lient une foule de fourmis en une machine pensante unique sont si vitaux que la plus efficace des stratégies pour attaquer une colonie rivale consiste à frapper sans préavis et à créer la panique, brisant ainsi les lignes de communication qui relient les victimes. Mais souvent, deux armées de fourmis ennemies se rencontrent par hasard; le choc disperse chaque légion de phalanges en une débâcle frénétique et la victoire revient au groupe qui peut reconstituer ses lignes de communication le plus rapidement. » (Page 62).

« Chez les fourmis, les outils les plus importants dans la transmission de données sont des outils chimiques. Une fourmi indépendante fouinant dans un territoire inexploré tombe sur de la nourriture, se rassasie, puis revient lentement vers le nid, l'abdomen traînant presque par terre. Il ne s'agit pas là d'une léthargie digestive ; la fourmi est seulement en train de déposer un liquide attirant ses sœurs qui ne peuvent résister à l'impulsion de suivre ces traces. Si elles aussi apprécient les restes qu'elles découvrent au bout de la piste, elles repartent de la même façon, laissant derrière elles le sillage chimique de leur bonheur. Ainsi, une trainée odorante s'élargissant ou diminuant, code des données sur la richesse de la source de nourriture, sa facilité d'exploitation et son épuisement graduel. Une équipe de biologistes belge a qualifié cette piste odorante, qui résume l'expérience de centaines ou de milliers d'individus, de forme de mémoire collective.

Les fourmis possèdent un élément tout aussi essentiel à la colonie, des pulvérisations alarmantes des phéromones qui préviennent les légions en cas de danger. De plus, elles savent lire les signaux chimiques d'avertissement envoyés par d'autres espèces, donc comprendre que des ennuis se préparent à l'horizon et transformer les colonies en extension sensoriel pour les populations

« étrangères » voisines. Un patchwork de villes et de voisins forme alors un internet primitif. C'est, pour ainsi dire, l'équivalent d'un cerveau global. » (Page 63).

***

De David Suzuki maintenant, tiré de son livre « l'Équilibre sacré » page 232.

« Une colonie de fourmis est plus qu'une simple agglomération d'insectes vivant ensemble. Une fourmi seule n'est pas une fourmi. Réunissez deux fourmis et quelque chose d'entièrement neuf commence à se dessiner. Rassemblez-en 1 million, dont des ouvrières réparties en différentes castes, chacune accomplissant une fonction différente : couper les feuilles, veiller sur la reine, prendre soin des petits, creuser la fourmilière, etc, et vous avez un organisme pesant environ 10 kilogrammes, presque la taille d'un chien, et qui impose sa loi sur une aire aux dimensions d'une maison. C'est une entité très puissante. Elle peut se protéger contre les prédateurs. Elle peut contrôler l'environnement, le climat de son nid, etc. »

En fait, nous les êtres humains, nous ne sommes pas différents d'eux, dans ce sens que, nous aussi, seul, nous ne sommes pas des êtres humains; nous avons tous besoin les uns des autres. Nous avons tous besoin de nos parents, de nos enfants, d'un employeur, d'un médecin, de nos amis (es), d'un partenaire de vie, etc. L'être humain, comme les abeilles et les fourmis, nous sommes des êtres de clan, des êtres sociaux. Seul nous ne valons rien. Nous faisons donc partie également d'un cerveau global.

***

Bon, là, je vais passer l'ère cambrienne où il y a eu un foisonnement incroyable de toute la faune animale et me diriger tout de suite sur le sujet principal de ce livre, qui est l'évolution de l'être humain sous plusieurs aspects.

J'en ai pour plusieurs pages, car il s'agit de nous, l'être humain, à partir du foetus au bébé naissant, de l'enfance à l'adulte. Nous allons parler également de la mentalité et moralité de certains pays sur un sujet très important qui touche tout le monde, que vous verrez plus loin dans ce livre.

Vous allez voir, c'est super intéressant et instructif. Alors suivez-moi, vous ne le regretterez pas.

OBSESSION 2

Le temps d'une vie.

Du livre de Bill Bryson, « Une histoire de tout…ou presque », page 14.

« Considérez que pendant 3.8 milliards d'années, soit une période plus ancienne que les montagnes, les fleuves et les océans de la terre, chacun de vos ancêtres des deux côtés a été assez séduisant pour trouver un(e) partenaire assez solide pour se reproduire, et assez béni du destin pour avoir le temps de le faire. Aucun de vos ancêtres pertinents ne s'est fait écrabouillé, dévoré, noyé, affamé, aplatir, égorgé, blessé mortellement, en bref, n'a été détourné d'une façon quelconque de sa quête vitale consistant à déverser au bon moment une petite charge de matériel génétique dans le bon partenaire, afin de perpétuer la seule séquence possible de combinaisons héréditaires qui allait finalement devenir d'une façon aussi brève que stupéfiante…vous. »

Bon, c'est bien beau tout ça, mais est-ce que l'on peut dire que ce bébé qui va naître est vraiment béni des Dieux ?

Je donne **la parole à un…foetus** :

« J'ai une grosse décision à prendre, une très grosse décision. Est-ce que j'ai vraiment le goût de naître sur cette terre ? Déjà que les humains en place sont en train de la détruire. Je ne sais pas ce qui m'attend à l'extérieur de mon abri. Je ne sais même pas sur quel continent et dans quel pays je vais arriver. Si je nais mâle dans un pays islamiste, vais-je devenir un imam ou un terroriste ? Si je suis une femelle, vais-je être respectée ou devrais-je être soumise ? Dans quelle famille vais-je aboutir ? Est-ce que ce sera une famille aimante ou déséquilibrée ? Ont-ils des bons gènes ? Vais-je me faire agresser sexuellement ou tuer par un psychopathe ?

Oui, il y, a plein de questions que je me pose avant de prendre ma décision, ce n'est pas facile. Oh boy ! J'entend des cris vraiment très forts venant de l'extérieur et oups ! Mon petit corps se déplace, on dirait bien que je me prépare à sortir de mon cocon ! Hey, je n'ai pas encore pris ma décision !

Bon, il semblerait qu'il est trop tard, je sens que je vais crier moi aussi, ça commence bien. Bof ! On verra bien. » Oui, c'est presque un coup de dé que de naître dans un bon pays et une bonne famille.

Voyons de plus près :

L'amour de son bébé

« Lorsqu'une maman vient de mettre au monde son enfant, elle le découvre et ne sait encore rien de lui. Du moins ne sait-elle pas comment elle pourra d'emblée communiquer avec lui. Or comme l'a bien montré le Dr Friedmann, l'enfant est une personne, il désire communiquer avec le monde qui se trouve autour de lui. Bien qu'ayant vécu neuf mois dans le sein de sa mère, Il n'a pu s'initier au langage parlé. Ces deux êtres sont pourtant animés d'un même objectif ; réussir à se faire entendre et à se faire comprendre. Au début, la maman va maladroitement répondre aux signaux qu'émet son enfant. C'est par les cris répétitifs de celui-ci qu'elle parviendra à différencier, après plusieurs tentatives, les demandes et les besoins du nouveau-né. Ainsi des cris aigus indiqueront le temps du repas, alors que les graves indiqueront celui de la sieste. Tous ces cris varient d'un enfant à l'autre et lorsque celui-ci aura saisi qu'à tel cri sa maman répond correctement, tous deux auront institué un mode de communication unique qui ne demandera plus qu'à évoluer vers un langage plus élaboré. Cette communication n'aurait pu s'établir si l'adulte n'avait pas voulu la mettre en œuvre. La communication s'est faite parce que la maman ne s'est pas contentée de mettre en application des savoirs théoriques sur le nursing ou la pédiatrie. Elle a préféré attendre et décoder des signaux qui étaient de toute évidence une forme de langage pour l'enfant. L'instinct maternel est à la fois un savoir-faire et un vouloir bien faire, inspiré par le désir d'aimer ce que l'on fait et celui pour qui on le fait.

La règle universelle qui est le code moral de l'humanité « faire le bien et le faire bien » trouve ici une application privilégiée. » (Du livre de Jean-Marie Pelt, « Les langages secrets de la Nature, page 213-214).

***

J'aime beaucoup ce texte de Jean-Marie Pelt, il décrit tellement bien de quelle façon une mère aimante doit se comporter envers son enfant. Et ce n'est pas un psychologue ni un pédiatre qui parle ainsi, mais bien un expert écologiste. C'est dire que toute personne qui possède cette vertu qu'est l'amour, peut se passer de bien des livres qui traitent du : « comment bien aimer son enfant ».

Oui, un nourrisson humain a besoin énormément d'attention, d'altruisme, de tendresse, bref, d'amour pour son bon développement. Si l'enfant est aimé, il apprendra à aimer à son tour. Vous l'aimez, il vous aimera. Si vous le brusquer, il risque de devenir brusque, car c'est ce qu'il aura appris.

Un bébé a également un grand besoin d'être touché, câliné. Il a été démontré que les bébés que l'on touche sont plus alertes, éveillés, actifs et intéressés. Toucher un nourrisson avec tendresse est indispensable à son développement affectif et cognitif. Il se sent aimé, protégé et d'appartenance à cette espèce que l'on nomme « être humain ». Le toucher avec amour lui donnera également une énorme confiance dans la vie, contribuant ainsi à lui faciliter la découverte plus tard de sa propre identité. « L'un des aspects du monde que nous devons apprendre quand nous grandissons est l'existence ininterrompue des choses, que le psychologue suisse **Jean Piaget** a appelé la « permanence de l'objet ». Piaget a découvert qu'un nouveau-né a besoin d'environ un an pour apprendre que les choses continuent d'exister lorsqu'elles sont hors de vue. C'est l'excitation du jeu « coucou » auquel les bébés adorent jouer. » (Schäfer page 146).

Là, je vais vous livrer un texte du réputé psychologue, Abraham. H. Maslow, (Motivation and personality). Et contrairement à tout ce que j'écris dans ce livre qui provient de différents auteurs et dont, bien sûr, je suis toujours en accord avec ce qu'ils disent (sinon je ne l'écrirais pas), cette foi-ci, par contre, je suis en total désaccord avec ce qu'il avance comme réflexion. Pourquoi je la cite ? Tout simplement, parce que cette idée qu'il énonce me taraude à un plus haut point, je m'expliquerai par la suite. Alors, la voici cette réflexion.

« Être un humain, dans le sens de naître à l'espèce humaine, doit aussi se comprendre comme « devenir un être humain ». Un nouveau-né est **seulement** un être humain **en puissance**. Il doit grandir en humanité, dans sa société et sa culture, dans sa famille. »

Ouf! Entendez-vous ça ? Ce qui me choque, c'est particulièrement lorsqu'il dit : un nouveau-né est **seulement** un humain **en puissance**. Ben voyons donc! C'est comme s'il disait qu'un bébé naissant n'est pas un humain, et pourtant dans la même phrase il dit : **naître à l'espèce humaine**. Il y a comme un paradoxe là.

Lorsque nous voyons un beau petit chaton, il nous viendra jamais à l'esprit de dire : plus tard il va devenir un chat, C'EST UN CHAT. Ou de dire en voyant un mignon petit chiot : dans pas grand temps, il va devenir un chien, C'EST UN CHIEN.

Et les deux seront aimés et éduqués en tant qu'appartenant à l'espèce animale dont ils sont issus.

Il est donc, pour moi, primordial d'élever son bébé en considérant son appartenance à l'espèce humaine, et c'est à cette seule condition que ce petit être humain pourra recevoir toute l'attention, la tendresse, la protection, les bons soins, bref, tout l'amour qu'il est en plein droit de recevoir. Dire le mot nouveau-né, n'est qu'une façon de décrire l'évolution biologique de croissance de l'être humain : bébé, enfant, adolescent, adulte etc, mais ça demeure toujours un être humain, peu importe son âge. Adulte en puissance, OUI, mais humain, il l'est à la naissance, il appartient à l'espèce humaine.

C'est d'ailleurs ce genre de citation de Maslow qui alimente les débats, depuis belle lurette, entre les tenants de l'avortement et les regroupements du mouvement pro-vie pour le droit à la vie.

Bon je vais me calmer là, ouf. Mais comme on dit : ça fait du bien d'en parler. J'espère que vous ne m'aurez pas trouvé trop prétentieux en allant contre un réputé psychologue, mais nous avons tous droit à notre opinion n'est-ce-pas! Et c'est ce que je viens de faire.

***

À l'inverse maintenant, les ravages du… Manque d'amour.

De ce propos, on pourrait en parler longtemps, mais cela deviendrait déprimant, je vais quand même en parler un peu car c'est important.

« Après l'exécution du dictateur Nicolae Ceausescu, le 25 décembre 1989, nous avons appris le terrible sort des enfants confiés à l'assistance public en Roumanie. Résolu à accroître la population du pays, Ceausescu avait crée une génération d'enfants non désirés, souvent abandonnés à l'état. On estime que de 100,000 à 300,000 enfants vivaient en institution au moment de la chute du dictateur.

Parmi les quelques 700 établissements d'accueil pour enfant, ceux du type leagane, étaient réservés aux enfants, non pas orphelins, mais abandonnés ou placés pour de longues périodes par leurs parents. Les scientifiques qui ont visité ces institutions y ont découvert des rangées de petits lits dans d'énormes dortoirs et un personnel si sollicité qu'il n'avait pas le temps de former les enfants à l'apprentissage de la propreté, ni de leur montrer à s'habiller et à se brosser les dents.

Les enfants étaient laissés à eux-mêmes pendant de longues périodes et les membres du personnel ne les prenaient pas dans leurs bras pour les consoler ou pour les nourrir.

Résultat :

Les enfants accusaient un retard considérable en matière de coordination motrice globale, de capacités motrices pointues, de compétences sociales et de développement du langage. Environ 65% des enfants de 3 ans et moins présentaient des anomalies de structure et d'activité cellulaires et tissulaires, imputables à la malnutrition. Les scientifiques ont maintenant fait la preuve que la stimulation par des adultes est cruciale dans la toute première période de la vie d'un enfant.

La privation d'amour peut conduire plus tard à une névrose et aussi à la maladie.

« Le développement de l'amour envers et chez l'enfant devrait être un droit fondamental. » (Ashley Montagu)

Aussi : Certains chercheurs affirment que le nombre de mots entendus chaque jour par un enfant est en soi le plus important indicateur de son intelligence et de ses compétences scolaires et sociales futurs. Ces mots doivent être prononcés par un être attentif et empressé. »

(Du livre de David Suzuki (l'équilibre sacré) page 267-268).

***

Puisque l'on parle des mots, élaborons plus sur ce sujet, car les mots, comme on le sait, peuvent être constructifs ou destructifs. Allons-y.

Le Poids des mots

Ah, les mots, que de mots! Il y a toute une pléthore de mots, des milliers, et là, je parle juste de la langue française.

Les mots représentent véritablement une arme. Et même dans certains cas on peut dire, une arme de destruction massive.

Les mots peuvent être doux ou agressifs, suggérer l'amour ou la haine, motiver ou décourager, médire et intimider ou vanter et glorifier, etc.

« En apprenant la signification et l'emploi des mots pendant l'enfance, nous acquérons davantage qu'un outil de communication. Nous adoptons aussi une taxinomie : une façon de catégoriser la quasi-infinité des choses, des événements et des impressions qu'est le monde, une façon donc de rendre notre monde stable et maniable. La connaissance du sens des mots fait partie du système de formes qui nous donne la possibilité d'identifier des choses nouvelles comme appartenant à des classes de choses déjà familières. En apprenant la structure lexicale et conceptuelle du langage, nous acquérons la compréhension des liens hiérarchiques complexes qui unissent les choses entre elles. Et en apprenant la structure grammaticale du langage, nous acquérons la taxinomie des relations potentielles entre les choses. En prenant possession de ce trésor linguistique, nous prenons possession du savoir et de la sagesse des générations qui nous ont précédés. » (Elkhonon Goldberg, de son livre « Les Prodiges du Cerveau » page 105-106).

Donc, c'est avec des mots que nous construisons les phrases que nous allons exprimer par la parole. Mais sait-on d'où ou de qui origine le langage ? Essayons de comprendre.

Le langage

(Les textes qui suivront proviennent tous de la revue, Science et vie no 256).

« Comment est-on passé de ce primate incapable de parler, à ce primate incapable de se taire? C'est là que réside toute l'énigme. Car contrairement à une idée reçue, nos cousins seraient assez intelligents pour parler. « En terme de capacité cognitive, les chimpanzés ont tout ce qu'il faut », relève Jean-Louis Dessalle. De fait, comme nous, ces singes sont dotés des aires de Broca et de Wernicke, deux zones du cerveau spécialisées dans le langage. Des chercheurs de l'université Georgetown à Washington, ont réussi à identifier chez l'homme (en juin 2011) les processus permettant la compréhension de la parole. Or d'après cette étude, ils sont identiques chez les primates non humains. » (Page 138).

« La taille du cerveau est révélatrice de la capacité cognitive des hominidés.

Mais fallait-il un minimum de 400 ou 500cm3 pour parler? Ce qui était le cas du cerveau des australopithèques, ou de 600cm3 comme chez homo-habilis. Il apparaît difficile de trancher. Celui d'homo sapiens occupe 1,450cm3 contre 380cm3 pour un chimpanzé, or on a vu que les capacités cognitives de ce primate ne sont pas en cause dans son mutisme.

C'est à partir d'homo habilis que la région temporale gauche qui contient les aires du langage, apparaît véritablement développée. Peut-on en déduire qu'homo habilis parlait, au contraire de ses prédécesseurs?

Peut-être…mais les aires de Broca et de Wernicke ne laissent aucune trace sur le crâne des chimpanzés, alors qu'ils en sont dotés. » (Page 141-144).

« Plus que la taille ou la morphologie du cerveau à un instant T, c'est son augmentation qui intrigue linguistes et anthropologues. « En un million d'années, les hominidés sont passés d'un cerveau de 400cm3 à 1,000cm3, relève Bernard Victori, directeur de recherche au Cairs, au sein du laboratoire : langue, texte, traitement, informatique, cognition. Cela coïncide avec l'arrivée d'homo erectus. Ce succès évolutif permet d'affirmer qu'il avait acquis une arme prodigieuse. Cette arme, selon moi, c'est le langage. Une arme qui aurait justement favorisé la croissance du cerveau. Contrairement à une idée reçue, ce n'est pas parce que l'on avait un gros cerveau que l'on a réussi à parler, c'est l'inverse, affirme Jean-Louis Dessale. » (Page 144).

« Tant qu'à l'écriture, seule capable de conserver l'empreinte d'une langue disparue, n'est pas d'une grande aide. Elle aurait été inventé il y a 5,000 à 6,000 ans en Égypte et en Mésopotamie (l'actuel Irak). » (Page139).

Dans le tout dernier texte précédent, il a été question d'écriture. L'écriture est bien sûr, outre le langage, une autre façon de communiquer. Naturellement, aujourd'hui, nous avons plusieurs façon de communiquer entre nous : par ordinateur sur courriel ou facebook, par téléphone intelligent, par envoi postal, par l'écriture d'un livre, etc.

Ce qui m'amène à vous livrer un texte que je trouve vraiment intéressant. Vous comprendrez pourquoi, puisqu'il s'agit d'un texte expliquant comment un écrivain opère pour rédiger son livre. Et c'est en parfaite cohésion avec la façon dont je travaille pour ce genre de livre.

Les écrivains

(Du livre de Elkhonon Goldberg « Les prodiges du Cerveau)

« Les styles varient selon les écrivains. J'ai entendu des auteurs affirmer qu'ils ignorent ce qui va sortir de leur plume avant de se mettre à faire glisser le stylo sur le papier (ou les doigts sur le clavier). Avec une telle approche, la pensée et l'écriture s'entremêlent avec un processus unique, fluide. Mais notre auteur imaginaire gère sa petite affaire selon une méthode très différente. Il programme avant d'agir. Chaque jour, il consacre un bon moment à une activité qui pourrait passer pour de l'oisiveté forcée : il se promène dans Central Park (ou ailleurs) avec son très gros et très gentil chien, mais il n'est pas désoeuvré. Il réfléchit aux grandes lignes de son livre et à la structure de ses divers chapitres, bien avant d'en écrire le premier mot. Il crée d'abord un plan général en fonction duquel il rédigera ensuite le texte, et en procédant ainsi il utilise ses lobes frontaux. Notre auteur ne peut pas inclure dans l'ouvrage tout le savoir qu'il possède, aussi intéressant soit-il, et doit se débrouiller pour établir des priorités. » (Page 196-197).

« Comme la plupart des écrivains, notre auteur aspire à dire quelque chose de nouveau, quelque chose d'original. Comment la nouveauté apparait-elle? Elle est créée en configurant de manière originale, selon des assemblages inconnus jusqu'alors, des brides de l'ancien savoir. Les éléments sont anciens mais leur agencement est nouveau, sans précédent historique et donc sans correspondance exact avec aucune des représentations mentales déjà contenues dans la tête de l'auteur. Quand il efface un paragraphe parce qu'il est « barbant », ou pimente le récit avec une anecdote parce qu'elle est « rigolote » il établit ces jugements du point de vue du lecteur. Il essaie de lire dans l'esprit de son lecteur. » (198-199).

Intéressant, n'est-ce-pas! Pour ma part, je dois dire que c'est exactement comme cela que je travaille : le sujet, la structure, le choix des chapitres et des sous-chapitres, etc. Pour ceux que l'écriture d'un livre intéresse, ce texte peut peut-être vous encourager à aller de l'avant. Il s'agit simplement de commencer. En tout cas, je vous encourage à au moins essayer, vous allez voir, vous vous découvrirez peut-être un talent que vous ignoriez.

Allez hop!

Bon, maintenant, je vais aborder un sujet particulièrement lourd, mais qui touche tout le monde, de près ou de loin. Il s'agit du…**suicide**.

Moi qui aime tellement la vie, ce sujet du suicide, depuis très longtemps, m'a toujours dérangé, turlupiné. Il y a tellement de « raisons » de se suicider, mais est-ce « raisonnable » pour autant? C'est ce que j'ai voulu essayer de comprendre. En premier, nous allons faire un parcours de différents pays, à ce propos ; leur moralité par rapport au suicide. Ensuite, nous allons en parler du point de vu psychologique et neurologique, et finalement, du suicide d'un proche, les dégâts que cela provoque chez l'entourage.

Je vous avise tout de suite que ce propos va emplir tout le chapitre 3.

Alors, on y va? Vous êtes prêt? Allons-y.

OBSESSION 3

Les différentes « raisons » de se suicider.

Le Japon

En 1945, les japonais luttaient contre les soldats américains depuis trois ans et demi. Ils savaient qu'ils ne pouvaient perdre parce qu'ils croyaient posséder un don du ciel qu'était la suprématie de leur race. L'ennemi qui les affrontait était méprisable, non béni par la divinité qui soutenait le Japon.

Pourtant, les bâtards de l'ouest triomphèrent des guerriers japonais. La honte était insupportable. Quatre milles japonais se suicidèrent dans les quartiers généraux souterrains de la marine à Okinawa. Trente milles militaires et civils se jetèrent d'une falaise voisine. Au Japon, des pilotes se portèrent volontaires pour empêcher le ravitaillement des marines américains à Okinawa. L'**honneur** et la mort étaient promis à ces aviateurs. Leur mission était de guider les avions jusqu'à l'ennemi et de rester aux commandes lorsque l'appareil bourré d'explosifs s'écraserait violemment sur les navires ennemis. « Je ferai mon devoir en mourant » écrivaient-ils dans

leur dernière lettre à leur famille. Quinze milles d'entre eux remplirent cette fatale obligation. Un commentateur décrivant l'expérience des kamikazes, quarante ans plus tard, expliqua que : « le Japon est une société de groupe et non d'individus. »
Source : du livre de Howard Bloom : « Le Principe de Lucifer », vol 1, page 82.

***

« À plus petite échelle, toujours chez les japonais, cette mentalité de l'honneur exacerbé, persista encore pendant de nombreuses années. Le **seppuki** japonais est un suicide vu comme une issue honorable face à certaines situations perçues comme trop honteuses ou sans espoir. Communément appelé hara-kiri, il caractérisait le code de conduite des samouraïs qui par honneur et respect du bushoo se tuaient pour ne pas être faits prisonniers ou pour restituer l'honneur de leur famille ou de leur clan, à la suite d'une faute. » (Source Wiki).

Personnellement, j'ai eu une période très difficile dans ma vie, vers l'âge de trente huit ans, et je ne peux pas dire que je faisais honneur à ma famille à ce moment là. S'il avait fallu que je me suicide à cause de l'honneur, je ne serais pas en train d'écrire mon troisième livre aujourd'hui, et je n'aurais pas créé de nouvelles compositions musicales pour piano. Et contrairement aux japonais, c'est grâce au sens de l'honneur que mes parents (décédés, il y a plusieurs années) m'ont légué, ainsi que la dignité et le respect à cultiver, que je me suis relevé. Depuis plusieurs années, maintenant, je fais honneur à ma famille et je suis leur fierté. Tout cela dit avec grande humilité. C'est grâce à l'amour inconditionnel reçu de mes parents que j'ai pu m'en sortir.

La Chine

Brièvement. « La culture multimillénaire chinoise est devenue, en une génération, une culture du profit, soulignent des psychiatres. Les mutations rapides et radicales induites par l'ouverture économique ont ébranlé la société sur ses bases, fait éclaté les structures familiales et claniques traditionnelles, tendu les relations sociales et mis sous pression l'individu chinois. Beaucoup de chinois perdent pied. Avec de 250,000 à 300,000 suicides par an, selon les experts, soit un toute les deux minutes, la Chine représente un quart des suicides dans le monde. »

(Source : Sur Google, article de Pascal Trouillaud (AFP), le 18 décembre 2008).

L'islamisme radical

« Le frère musulman égyptien Sayyid Goto, prône les attentats suicides en prétendant qu'ils confèrent le statut de martyr. Parmi ses disciples on trouve les terroristes du Jihad islamique et du GIA algérien.

Les islamistes affirment, en citant le Coran, qu'un musulman ne doit pas avoir peur de mourir en combattant pour sa religion. Seul Allah peut décider du jour de sa mort, et si Allah a décidé qu'il ne mourra pas ce jour là, il le protégera. En outre, un musulman qui meurt au combat pour l'Islam est un martyr, qualité qui est récompensée au paradis, notamment par l'attribution de 72 vierges aux yeux noirs à chaque homme mort ainsi.

Pour un musulman croyant, il suffit que sa vie sur terre soit misérable et sans espoir pour qu'il souhaite mourir en martyr, en combattant les infidèles pour faire triompher l'Islam. Le plus souvent, il décidera de mourir en martyr (par exemple, lors d'un attentat suicide) sous l'influence d'un autre musulman qui lui aura lavé le cerveau. (Les mots d'un discours haineux). Mais il est aussi arrivé que des musulmans très instruits comme (Mohamed Atta, le chef des terroristes du 11 septembre, ou Khalio Sheikh Mohamed, qui a planifié ces attentats), décident de mourir en martyr.

Un être humain équilibré ne peut avoir une idéologie de la mort et souhaiter se tuer en faisant du mal à des innocents. Un terroriste est donc avant tout un être déséquilibré, qui a perdu (ou n'a jamais eu) ses repères. Il peut considérer comme bien ce que les autres considèrent comme mal, la mort et la souffrance par exemple.

Par leur terrorisme, Ils veulent imposer leur forme de religion musulmane, de société et d'institutions par tous les moyens, y compris la lutte armée et la violence terroriste. Ils veulent que tous les pays du monde soit unis sous l'autorité d'un même calife régnant comme au 7ième siècle. Ils veulent donc détruire notre société occidentale et nous imposer leur religion et leurs valeurs » (Source: Wiki).

« Heureusement, L'Islam se détache de ces terroristes complètement hors du droit chemin, car l'Islam voit le suicide comme un péché et un obstacle à l'évolution spirituelle. L'Islam interdit le suicide, car il n'est pas permis aux croyants musulmans de porter atteinte à son corps (automutilations comprises), ni de penser qu'il peut décider lui-même de la fin de sa vie, car la mort survient à une date prédéfini divinement pour chacun. » (Source : Wiki).

Les sectes religieuses

Il y en a plein, mais je vais n'en nommer que deux des plus éloquentes :

L'Ordre du Temple Solaire

« Le 5 octobre 1995, 48 victimes, dont neuf Québécois, sont découvertes sur les lieux de deux incendies, à Cheirg et à Grange –sur-Salvan en Suisse.

Parmi les victimes, on compte Luc Jouret et Joseph Di Mambro, les fondateurs de l'Ordre du Temple Solaire. Cette secte apocalyptique prônait entre autres le « transit » des âmes vers une autre planète par le suicide.

Plusieurs autres victimes seront trouvées par la suite à différents endroits. »

(Source : Wiki)

Le Temple du peuple

« Le 18 novembre 1978, 914 disciples du gourou Jim Jones meurent à la suite d'un suicide/meurtre dans la ville de Jonestown au Guyana. Parmi les morts on dénombre 274 enfants. » (Source : wiki).

Ça, c'est complètement dément. Comment des psychopathes arrivent-ils à recruter leurs victimes avec autant d'aisance ? Tout d'abord il faut dire que ces gourous sont tous très charismatiques, sûrs d'eux même et de leurs propos. Ils sont très convaincants et ils ont comme un 6ième sens qui leur permet de détecter les gens faibles moralement et mentalement. Les disciples qui vont adhérer à leur croyance sont généralement des personnes en manque d'amour, d'attention et de reconnaissance, ou ils sont affaiblies par un drame qu'ils n'arrivent pas à contrôler émotionnellement.

Alors eux, sentant un manque de discernement chez ces personnes, dû à un affaiblissement moral, vont profiter de cette situation pour leur faire miroiter une occasion unique de retrouver leur identité et la confiance en eux-mêmes.

Ici, ce n'est pas l'occasion qui fait le larron, c'est le larron qui trouve l'occasion pour faire ses méfaits.

Par la suite, bien sûr, ce sera le lavage de cerveau total d'une façon très insidieuse et dangereuse : on vide, on lave, et on rempli avec de nouvelles pensées, de nouveaux objectifs. C'est vraiment de la manipulation de très haut niveau.

Ça, c'est d'une tristesse infinie car se sont souvent de pauvres gens qui ont tout simplement pris une mauvaises décision, à un mauvais moment de leur vie, et les conséquences sont malheureusement, souvent désastreuses.

« À l'époque contemporaine, le suicide est utilisé pour protester de façon spectaculaire, notamment par auto-crémation, contre une situation jugée insupportable.

Le 11 juin 1963, à Saïgon, le bonze Thich Quang Dufc s'est suicidé pour protester contre le gouvernement du président vietnamien Ngo Ding Diêm.

Ce geste a été initié par la suite. Au Tibet depuis mars 2011, plusieurs laïcs, moines et nonnes tibétains se sont immolés pour protester contre la présence chinoise. » (Source : wiki).

Le suicide politique

« Dans l'Antiquité, le suicide étais commis après une défaite dans une bataille afin d'éviter la capture et les possibles tortures, mutation ou la mise en esclavage par l'ennemi.

Ainsi, au cours de la seconde guerre punique, la princesse Carthaginoise Sophonisbe s'empoisonna pour ne pas tomber aux mains des Romains. Cléopâtre V11, dernière reine d'Égypte, mit également fin à ses jours pour ne pas être amenée prisonnière à Rome. » (Source : wiki)

Comme vous voyez, ce n'est pas d'hier que le suicide est utilisé pour se défaire d'une situation humiliante ou honteuse.

« Plus près de nous : Roger Salengros (1890-1936) maire de Lille, député du Nord et ministre de l'intérieur de Léon Blum, mit fin à ses jours en novembre 1936. Calomnié par l'extrême droite, la pression qui s'exerce contre lui, ainsi que toute la polémique autour de sa personne l'affecte à un point tel qu'il se suicide par suffocation dans sa cuisine à Lille, en allumant sa gazinière et en calfeutrant ses bas de porte. »

« Claude Massoure (1937-2005), 68 ans, (maire de Luz-Saint-Sauveur, Hautes Pyrénées) depuis 1977 et ancien conseiller général socialiste, se donna la mort en mars 2005. Il avait été condamné en 2004 à 30,000 euros d'amende et deux ans d'inéligibilité pour « favoritisme et détournement de fonds publics » dans son ancienne fonction de président du syndicat départemental d'électrification. »

« Jean-Marie Demange (1943-2008), ancien maire de la ville et député UMP de Moselle, le 17 novembre 2008, tue son ex-compagne avant de se suicider, suite à sa dérive, il aurait très mal vécu sa défaite surprise aux élections municipales huit mois plus tôt. »

Les 3 textes précédents proviennent de Google sous la rubrique « libération ».

Personnellement, je vois dans ces suicides, beaucoup de honte et d'orgueil.

En fait, je constate qu'il n'y a jamais de bons sentiments à la base de tous ces suicides. Enfin, c'est mon opinion, qu'en pensez-vous?

Le Bouddhisme

« La morale bouddhique de L.Lavallée Poussin (1927) considère la mort volontaire comme interdite. Etienne Lamotte fait une nette distinction entre le suicide « raisonné » voir héroïque, et le suicide dépressif ou passionnel, ce dernier ayant de fortes ressemblances avec le suicide « égoïste » selon Durkherm. Il est fermement condamné car il est un suicide d'égarement (MOHA) résultant d'un mélange d'amour (RAGA) et de haine(DSÉSA) de soi. (G,Bugault et L.Kapani « Bouddha » dans M. Canto Sperber(dir), dictionnaire d'éthique et de philosophie morale, p 184).

Le suicide est un geste individuel non naturel (akalamarana) qui se produit alors que l'influence des actions passées (KARMA) n'est pas encore arrivé à son terme et que les ressources vitales ne sont pas encore épuisées. Ce geste est alors tout à fait acceptable. » (Mais pas suggéré).

(Google « Encyclopédie sur la mort ».

L'Hindouisme

« Le suicide est interdit par la tradition hindoue, mais la société hindoue tend aussi à considérer certaines situations d'avantage comme un sacrifice que comme un suicide, en particulier lorsque les buts de la vie ont été atteints et que la vie n'est plus perceptible. »

(Google : Briand L. Mishara et Michel Tousignant « Comprendre le suicide »).

Dans le texte précédent sur le bouddhisme, il a été mentionné « suicide passionnel » Écoutez ce qui suit, c'est tout simplement aberrant !

« Le suicide était si populaire parmi les admiratrices dépossédées de Valentino que même deux ans après sa mort, des femmes envoyaient encore des lettres telles que celle-ci :

« Comment pouvons-nous continuer à vivre alors que tu es dans l'haut-delà? Ma vie est vide, un désert, envoie-moi un signe pour me dire que je dois aller au paradis et je te rejoindrai là-haut ».

(Irving Shulman, Valentino (New-York: Simon and Shuster, Trident Press, 1997)

Relevé dans le livre de Howard Bloom « Le Principe de Lucifer » vol 2, page 81.

Ça, c'est vraiment de l'égarement, enfin!

Comme vous voyez, j'en ai beaucoup à dire à ce sujet, car, comme déjà dit, c'est un sujet qui touche tout le monde.

Chaque année plus d'un million d'individus se suicident de par le monde, et les tentatives échouées de suicide dans le monde sont estimées entre 10 et 20 millions chaque année.

Bon, là, j'ai le goût de prendre une pause sur ce sujet (car je n'ai pas fini d'en parler). L'idée vient juste de surgir en moi, alors voici :

Dans ce livre, il m'arrive à l'occasion de vous dire « Écoutez ». Bon, je sais bien que vous n'entendez pas ma voix, mais vous entendez quand même une voix… la vôtre, votre voix intérieure. Toutes nos pensées se traduisent à travers cette voix intérieure, on se parle à nous-mêmes constamment.

C'est simplement une autre façon de communiquer, de faire entendre sa voix, qui se transpose à la vôtre par le truchement de l'écriture.

Alors voilà pour la courte pause, et nous allons continuer sur le sujet du suicide, mais cette fois-ci, nous allons essayer de comprendre qu'est-ce qui peut pousser un individu à passer à l'acte final et irréversible.

Êtes-vous prêt? Oui, allons-y.

« Le suicide peut être désiré en raison de facteurs extérieurs professionnels (chômage, harcèlement) ou affectifs (divorce, rupture, perte d'un proche). »

(Revue Science et Vie no 1171, page 86).

Le cerveau suicidaire

L'adversité sociale et les troubles psychologiques sont deux conditions nécessaires, mais elles ne suffisent pas à résoudre la grande équation du « passage » à l'acte. Depuis quelques années, l'irruption des neurosciences, de la biologie moléculaire et de la génétique, révolutionne la compréhension de ce geste ultime. Car elles « indiquent que le suicide serait une maladie biologique à part entière! » affirme Philippe Courtet, professeur de psychiatrie à l'Université de Montpelier. »

(Revue Science et Vie no 1171, page 87).

***

(Les textes suivants proviennent de la revue Science et Vie, hors série, no 255).

« Par exemple, le fameux gène 5-http, il est impliqué dans la régulation de la sérotonine dans le cerveau. » (Page 41).

« Ainsi, le passage à l'acte est associé à un facteur biologique reconnu : une baisse chronique ou limitée au moment de l'acte, de la sérotonine, un neuromédiateur essentiel dans la gestion de l'humeur, l'émotivité ou le sommeil. Ainsi, le passage à l'acte résulterait d'une vulnérabilité au suicide, dont une part au moins est génétique,« activée » par d'autres facteurs : troubles psychiques ou psychiatriques, psychotropes, antécédents traumatiques, pathologie grave. » (Page 43).

« Dans les pathologies graves, il y a entre autres la schizophrénie. La schizophrénie représente la maladie mentale la plus uniformément répartie sur la planète quelque soit la culture. » (Page 75).

« Dans la schizophrénie, on parle de dissociation, soit une rupture entre les idées et le comportement ou les affects. Ces symptômes sont souvent les prémisses à apparaître. Ils consistent en une désorganisation des idées, de l'affectif, et du comportement touchant : le discernement, la mémoire, la concentration ou encore la planification d'une tâche. » (Page 74).

***

Récapitulons, si vous le voulez bien, les « raisons » évoquées des textes précédents.

On y voit : Le **Japon**, pour qui l'**honneur** en est la principale raison, (du moins en ces temps reculés). La

Chine, ce serait la **pression sociale** exercée sur l' individu (l'anomie). L'**Islamisme radical,** ça, c'est de la pure folie, ou de l'égoïsme. Les **sectes religieuses** malveillantes; de la **démence** également. **Suicide politique : honte et orgueil.** Suicide passionnelle, égarement.

On en compte 6, mais il y en a quelques-unes qui se recoupent. Si on les combine on arrive en fait, au chiffre de 4 « raisons principales » c'est-à-dire :

L'honneur, désorganisation sociale (anomie), maladie mentale, et l'orgueil, (la honte).

C'est du moins la conclusion à laquelle j'arrive.

Émile Durkheim, un des fondateurs de la sociologie, publia en 1937 son fameux livre « le suicide » où il analyse ce phénomène sous un angle social.

Il distingue également 4 sortes de suicide.

Le suicide : égoïste, altruiste, anomique et fataliste.

Là, je veux juste vous citer une autre « raison » de se suicider. C'est celle poussée par un harceleur et intimidateur qui utilise la parole avec des mots très durs et humiliants envers un individu, mâle ou femelle, afin de lui faire mal. Les mots sont, comme déjà dit, une arme très puissante et ces individus à la morale peu reluisante, devraient tous être poursuivis en tant que criminel lorsqu'ils poussent la victime à bout à un point tel que, n'en pouvant plus, elle se suicide. Cela devient carrément un homicide.

***

Maintenant, nous allons voir les énormes dommages collatéraux que provoque le suicide d'un proche, que ce soit un parent, frère, sœur, ami(e) etc. Pour vous faire ressentir plus encore ces malaises (le mot est faible), je vous rapporte une phrase tellement bien explicite et percutante, tirée du livre de Raymond Paquin qui a écrit un livre sur le décès par suicide du leader des Colocs, Dédé Fortin. La voici :

« Se suicider, c'est mettre la switch d'un avion à off en plein vol, avec tous ceux qu'on aime dedans. »

***

Tout ce que vous allez lire provient de l'excellent livre du Dr Chistophe Fauré intitulé :

« *Après le suicide d'un proche* ». Le Dr Fauré est psychiatre à Paris.

Dans son avant propos il dit ceci :

« Au fil des entretiens que j'ai eu avec des personnes ayant vécu ce drame de la perte d'un être cher, j'ai réalisé combien l'usage des mots revêtait une importance cruciale : il faut en effet être très vigilant quand on parle du suicide car des mots comme « choc », « décision », « responsabilité », etc, sont potentiellement porteurs d'une violence extrême : il est possible en effet qu'ils fassent mouche , de façon complètement involontaire, sur une blessure encore à vif. Cette crainte et ce questionnement ne m'ont jamais lâché et ce n'est qu'après avoir soumis le manuscrit à quelques-unes de ces personnes que j'ai acquis la conviction que ce livre pouvait vraiment être utile. C'est maintenant à vous de juger. » (Page 14-15).

C'est bien dit n'est-ce-pas! Aussi, je me dois d'être très prudent car c'est un sujet très sensible, et les extraits que je vais rapporter du livre du Dr Fauré, qui est un expert en la matière, là ou moi je dois être prudent, c'est dans le choix des textes que j'aurai choisis d'écrire, et surtout dans quel ordre je vais les rédiger, afin de ne rien brusquer et éviter qu'il y ait confusion dans l'intention de ces écrits. Mon intention étant simplement de mettre des mots sur cette souffrance souvent insupportable et peut-être, vous aider à comprendre (l'incompréhensible) de ce geste final qu'est le suicide.

Pour tout vous dire, j'ai vécu moi-même le décès d'un proche, et également d'un collègue de travail. C'est pourquoi je suis sensible à ce propos. Si vous n'êtes pas prêt à lire ce qui suit, passez ce chapitre, mais si vous êtes prêt, je pense sincèrement que cela devrait vous accompagner d'une façon à vous permettre d'évacuer un trop plein d'émotions et de vous sentir compris(e).

Alors, on y va? Allons-y.

Le suicide d'un proche

« Dès sa découverte, le suicide crée chez les proches, un état de stress aigu : Ils sont plaqués au sol, sous le choc, incapable de donner le moindre sens à l'événement. » (Page 21).

« Comment donner un sens à ce deuil qui est la seule situation où on pleure la mort d'une personne qui est à l'origine même de son décès. C'est en grande partie autour de ce constat que s'articule la souffrance des proches et une infinité de questions en découlent. » (Page 27).

« La personne la plus exposée au risque de PTSD (Post traumatic stress disorder, selon la terminologie internationale), est celle qui découvre le corps. » (Page 22).

« Les émotions constituent la texture du deuil, quelle que soit sa nature, mais quand il fait suite au suicide, elles prennent une ampleur et une intensité qu'on rencontre rarement ailleurs. Les identifier et s'y confronter est une étape majeure du travail de deuil. » (Page 28).

« Oui, ce deuil est bien différent des autres, « différent » ne voulant pas dire nécessairement « plus douloureux ». (Page 32).

« Atteint de plein fouet, on se sent rejeté, abandonné. À l'extrême, il en résulte un sentiment d'indignité. » (Page 29

(J'ajouterais, un sentiment de trahison, pour l'avoir vécu.)

« Le proche en deuil peut parfois même se retrouver dans la situation absurde où il se sent obligé d'expliquer, d'argumenter, de justifier et même de se faire « pardonner » l'acte suicidaire! » (Page 31).

« Face à la violence de la culpabilité, « assumer sa place », c'est affirmer pleinement que oui, vous avez eu un impact majeur sur la vie de cette personne qui s'est suicidée, mais cet impact a des limites et, quoi que ce soit que vous puissiez en dire, elle ne vous autorise pas à vous poser comme responsable de sa mort.

Vous n'êtes pas responsable du suicide de votre enfant, ou de votre conjoint, ou de votre parent. Vous n'êtes responsable du suicide d'aucun être humain.

Si impliqué que vous vous sentiez dans la genèse de sa détresse, ce n'est pas vous qui avez accroché cette corde à la poutre, ce n'est pas vous qui lui avez fait prendre ses médicaments, ce n'est pas vous qui avez appuyé sur la gâchette. CE N'EST PAS VOUS. Rien de votre valeur, rien de la profondeur de votre amour, rien de votre dignité fondamentale n'est ici remis en cause. Quelque chose qui va au-delà de ce que vous pouviez faire, au-delà de votre contrôle, au-delà de votre responsabilité. » (Page 106-107).

Mais là, peut-être, êtes-vous présentement à vivre un tel drame et vous n'êtes pas prêt à vous déculpabiliser. Peut-être êtes-vous plutôt à l'étape du « pourquoi ? ». Si c'est le cas, il est primordial que vous vous laissiez aller dans ce questionnement. « Cette recherche du « pourquoi » prend très souvent le pas sur le vécu des émotions, comme s'il fallait d'abord tenter de donner une cohérence à l'absurde. Ce temps de recherche explique pourquoi le deuil après suicide dure plus longtemps que les autres. » (P 58).

« Cette recherche d'informations factuelles peut faire du bien. Si on apprend par exemple que certains troubles mentaux ont une composante génétique, on peut admettre que la personne disparue souffrait d'une maladie et que celle-ci s'est révélée plus puissante que tout l'amour qu'on a pu lui donner. Cet amour n'est donc pas fondamentalement remis en question. On se retrouve plus ou moins dans la situation de proches ayant perdu un être cher d'un cancer. C'est par ce biais que certains proches parviennent à trouver un peu plus de distance par rapport à leur culpabilité. » (Page 65).

Témoignage d'une femme lors d'une rencontre avec le Dr Fauré :

« J'étais réduite à l'impuissance parce que je savais que j'avais tout essayé pour lui venir en aide et que, malgré tout, un jour, il arriverait à se suicider. La dépression de mon époux était tellement puissante qu'elle a failli m'engloutir. Je me démenais pour l'aider, mais rien ne marchait. J'ai commencé à déprimer, je me sentais fatiguée et inutile. J'étais coupable de le voir aussi mal et ça me bouffait la vie. Je lui en voulais de détruire ainsi notre couple … et je m'en voulais de lui en vouloir ! » (Page 68).

« Le pire cas de figure, c'est quand y transparaît l'intention de faire mal par son suicide : « Tout est ta faute », « Tu n'as pas pris le temps de m'écouter » etc. On peut difficilement y voir autre chose que le désir de noyer les proches dans la culpabilité. » (Page 60).

Vous savez, il y a de ces personnes qui rendent continuellement et toujours les autres responsables de leurs malheurs. Ce n'est jamais eux. C'est toujours les autres qui pensent mal, ne comprennent rien, qui agissent mal et se comportent mal. Eux, ont toujours raison et les autres ont toujours tort, tout est de la faute des autres, toujours.

« Aussi, paradoxalement, il arrive que la violence des mots dans leurs écrits soit telle qu'il est plus facile pour l'entourage de « gérer » cette culpabilité. » (Page 60).

« Dans la recherche du « pourquoi ? », il y a l'importance capitale de comprendre ce qui se passe. Ce n'est pas parce qu'on « sait » qu'on a moins mal. C'est parce qu'on sait qu'on donne un autre sens à sa souffrance et ça, c'est une différence considérable. On ne souffre plus à vide, on comprend qu'il y a une cohérence interne dans ce qu'on est en train de vivre. »(Page 39)

« Mais surtout, il ne faut pas laisser s'immiscer en soi certaines pensées dont on redoute la portée et ses conséquences. Les questions sur le pourquoi de cette horreur : l'insupportable confrontation aux éventuelles erreurs, à ce qu'on n'a pas vu, pas compris, pas senti. Chacun tente alors de faire comme il peut, en élaborant des stratégies de survie, la plupart du temps inconscientes, pour se protéger d'un vécu intérieur dont il pressent la douloureuse intensité. » (Page 51).

« Une autre phase de la recherche est construite autour de l'idée qu'il est impossible de concevoir la vie sans la personne qu'on a perdu. On va alors s'accrocher à tout ce qui parle d'elle et à tout ce qui nourrit et entretient le lien et le souvenir de sa présence. Là encore cette réaction est tout à fait normale, cette recherche n'est pas morbide; elle répond à un besoin et à une nécessité que rien ne peut infléchir, tant elle est impérieuse. Cela peut aller jusqu'à maintenir la présence de la personne que vous avez perdue, à travers les objets : un miroir, un meuble, des photos, etc. Tout tourne autour de cette personne, tout y ramène. » (Page 53).

« La phase de recherche, c'est aussi la relecture du passé : les dernières conversations, les dernières disputes, les derniers regards. » (Page 65).

« À la lumière du témoignage précédent, faut-il s'étonner que parfois au détour d'une pensée, s'élève en soi un étrange et inconfortable sentiment de… soulagement ? Dès le mot prononcé, on s'en sent coupable car il parait inconcevable d'éprouver un quelconque soulagement face à la mort de quelqu'un qu'on aime ! » Et pourtant… (Page 69).

« Écoutez cet autre témoignage de cette mère après le suicide de son fils qui avait été précédé par un nombre hallucinant de tentatives.

Son ressenti s'exprime ainsi : « Ca y est, c'est fait … enfin. » (Page 70).

« De fait, le suicide peut être le point culminant (et le point d'arrêt) d'une escalade d'événements éprouvants pour l'entourage. Il signe la fin du mal-être de la personne disparue, mais il signifie également : la fin de la toxicomanie et de la souffrance collective qu'elle génère, la fin des conflits, des chantages, querelles amères et stériles. » (Page 69).

« Il faut bien comprendre que pour les personnes suicidaires, l'acte n'a pas pour finalité la mort, même s'il y conduit, mais le soulagement de la souffrance morale.

Se tuer, c'est d'abord rechercher la paix. Le fait que le suicide plonge les proches dans une douleur indicible n'est pas nécessairement présent à l'esprit de celui qui se tue à ce moment là. La souffrance d'autrui n'est pas la priorité ; on est obnubilé par la sienne propre. » (Page 78).

Passons maintenant à la phase de **restructuration** :

« C'est de toute évidence, au niveau de la qualité de la communication avec les proches que de gros efforts doivent être entrepris. » (Page 115).

« Nous pouvons trouver du réconfort auprès d'autrui, même si c'est nous qui devons faire le plus gros du travail : c'est en cela qu'ils peuvent véritablement nous faire du bien. » (Page 164).

Autre témoignage :

« J'ai eu la chance d'être aidée et entourée. Il y a eu un mouvement de sympathie, même de la part de personnes que je connaissais peu. J'ai été surprise de percevoir tant de gentillesse qui m'ont fait le plus de bien, c'est juste ce dont j'avais besoin : on est là, on tient à toi. Mon environnement professionnel est vraiment devenu un lieu de sécurité. Ils étaient présents, mais sans trop appuyer. Ils ne jugeaient pas. Je sentais un climat de bienveillance qui m'a profondément aidée. » (Page 165).

Mais, naturellement, il faut faire bien attention sur le choix des personnes à qui on veut en parler. Écoutez bien celle là :

« Juste après le décès de ma fille, j'ai appelé mon meilleur ami. Aussitôt, il m'a répondu : « Elle s'est tuée parce qu'elle ne pouvait pas vivre. » Ça m'a scié ! Un commentaire sur la mort de mon enfant n'était pas ce que j'étais venu chercher auprès de lui ! Au nom de quoi se permettait-il cela ? Je n'ai pas pu aller plus loin et j'ai coupé court à notre amitié. » (Page 149).

« Le deuil est intrinsèquement un chemin de solitude. Même ceux qui tiennent le plus à vous, sont incapables d'avoir accès à l'intimité de votre peine. » (Page 164).

Oui, c'est un chemin de solitude dans le parcours que vivent tous ceux qui font face à un drame quelconque, mais cela ne veut pas dire qu'il faille s'isoler, car cela peut être très dangereux. De là l'importance de s'entourer de personnes bienveillantes. Des groupes de soutien et de personnes qui ont vécu ou qui vivent une telle tragédie, peuvent être d'un grand soutien par l'échange de l'expérience de chacun, permettant à chacun de sortir leurs émotions et de constater qu'ils passent tous par le même cheminement et les mêmes doutes, les mêmes questionnements, bref, les mêmes émotions.

Alors je vais terminer ce chapitre sur le suicide en vous répétant les phrases dites précédemment :

« Vous n'êtes pas responsable du suicide de votre enfant.

Vous n'êtes pas responsable du suicide de votre parent.

Vous n'êtes pas responsable du suicide de votre frère ou de votre sœur.

Vous n'êtes pas responsable du suicide de votre ami.

Vous n'êtes responsable du suicide d'aucun être humain. » (Page 106).

***

Tout au long de l'écriture de ce chapitre, j'avais une pensée qui trottait dans ma tête, à savoir : y a-t-il une place pour le libre arbitre dans cette décision de mettre fin à ses jours?

Ce sera donc le premier propos du chapitre 4. **Le libre arbitre.**

OBSESSION 4

Le libre arbitre.

Les textes suivants proviennent de la revue Cerveau no 8, d'un article de Bérangère Bienfait, journaliste, en entrevue avec le Dr Michael S. Gazzaniga, traitant du libre arbitre.

« Un criminel devrait-il être considéré responsable de ses actes si un scanner cérébral montre un problème au sein de ses circuits neuronaux, comme une lésion, une tumeur ou un déséquilibre chimique? (comme certains suicidaires). L'esprit est issu du cerveau mais ne peut s'y réduire. » (Page 48).

Je ne suis pas tout à fait d'accord lorsque le Dr Gazzaniga dit « l'esprit est issu du cerveau », car pour moi, l'esprit, c'est autre chose que le travail de nos neurones, et comme j'ai déjà dit dans le tome 1 : Le cerveau a besoin de l'esprit pour fonctionner, mais l'esprit n'a pas besoin du cerveau pour exister. Faudrait savoir ce que le Dr Gazzaniga veut dire par esprit. Enfin, c'est mon avis, vous pouvez être d'accord avec moi ou non.

Poursuivons sur le même article :

« Nier le libre arbitre serait une façon de nier la responsabilité de chacun et ne pourrait que provoquer un désordre social évident. » (Page 48).

« La vie moderne avec son droit, ses échanges commerciaux et sa morale ordinaire, est essentiellement fondée sur l'idée de notre liberté. » (Page 49).

« Vous êtes dans votre véhicule, et vous gardez votre route en esprit, jugez des distances séparant votre voiture de l'extérieur, estimez la vitesse, prévoyez le moment où freiner, accélérez, préméditez de passer les vitesses, tout en se remémorant les règles du code de la route en les suivant plus ou moins bien, ce qui n'empêche pas de fredonner un air qui passe en même temps à la radio. » (Page 52).

Wow! Quel cerveau nous avons n'est-ce-pas!

Toutes ces prouesses proviennent vraiment du cerveau, et fait référence à la reconnaissance des formes (expériences passées, mémoire) plutôt que du libre arbitre, quoi qu'il peut y avoir à un certain moment, des décisions à prendre qui devraient relever du libre arbitre! Il faut se rappeler également que notre cerveau effectue une multitude de travaux, de processus de contrôle dans notre corps et notre tête sans même que nous nous en rendions compte.

Voyons maintenant ce qui est dit dans la revue :

(Cerveau, Science et conscience, no 9, d'un article de Oliver Burkeman).

« Ressentir n'importe quelle envie physique désespérée comme, de dormir, de sexe ou de faire pipi, c'est nous rappeler que nous sommes esclave de nos corps, ce qui peut naturellement nous donner l'impression d'être moins libre.» (Page 16).

« Nos croyances se basent sur des fondations branlantes. Si vous êtes un chrétien britannique, né et élevé dans cette culture, n'est-il pas troublant de réaliser que si vous étiez né en Somalie, vous penseriez que c'est l'Islam et non le christianisme qui a raison?» (Page 17).

Il n'y a pas grand place, à ce moment là, pour le libre arbitre. Vous suivez tout simplement le mouvement.

« Tout ce qui se produit dans notre cerveau serait dû à des événements antérieurs, eux-mêmes dus à d'autres événements antérieurs, et ainsi de suite jusqu'à l'aube des temps.» (Page 15).

« La vision du monde matérialiste et réductionniste domine la science depuis des siècles, mais récemment cette idéologie a été contestée (heureusement) par plusieurs auteurs renommés. Si nous croyons qi'il n'y a pas de libre arbitre, nous accepterons la vision psychopathique que l'Univers n'est qu'une horloge mécanique et que nous ne sommes que des robots biologiques, tout comme les psychopathes.

Aussi, les personnes infantiles, endormies, (les petites têtes quoi!), ainsi que ceux souffrant d'une maladie mentale, ont très peu de libre arbitre; elles en ont juste assez pour maintenir l'illusion d'être libre. Elles répètent ce que les médias leur disent de penser.» (Page 17).

« Toute personne qui souhaite développer son libre arbitre doit acquérir la connaissance primordiale pour comprendre la conscience et l'intégralité du système vivant. Plus nous comprenons la réalité objective, plus nous disposons de possibilités de faire des choix informés qui nous serons bénéfiques et créerons pour nous un rôle utile au sein du système vivant. Ce n'est pas que nous manquons de libre arbitre, il est simplement difficile de travailler pour dépasser toutes les influences biologiques, sociales et idéologiques émotionnellement biaisées qui nous affectent à tout moment. Nous pouvons changer notre esprit, nous avons simplement besoin d'en faire l'effort en nous informant avec autant de connaissances que possible. » (Page 17).

***

Que dit maintenant Lothar Schäfer à ce sujet (tiré de son livre : « Le pouvoir infini de l'univers quantique ».

« L'identité personnelle est une condition essentielle de la responsabilité morale. Nous pouvons appeler cela le principe « d'auto-permanence ». Sans l'auto-permanence, vous n'auriez pas d'identité personnelle. Sans identité personnelle, vous n'auriez pas de responsabilité morale. À ce moment là, si je ne suis pas la même personne qu'hier et que je serai demain, je peux vous frapper sur la tête dès maintenant, prendre votre portefeuille, m'offrir un bon dîner et être demain une autre personne qui n'a rien à voir avec les crimes d'aujourd'hui. » (Page 225).

« Si vous choisissez bien, il en découle un sentiment paisible de satisfaction, de joie et de bonheur : de quelque chose que vous avez bien fait. Ce sont des signes montrant que dans une situation difficile, vous avez fait le bon choix. » (Page 224).

En conclusion, voici ce qu'en dit Luc-Alain Giraldeau, biologiste spécialisé en comportement animal et doyen de la faculté des sciences de l'Université du Québec à Montréal, lors d'une entrevue avec Brïte Pauchet relevé dans la revue Québec Science du mois d'octobre 2016, à la page 8 :

« Les gênes ne contrôlent pas finement nos actions individuelles. Ils se chargent des besoins essentiels, de l'instinct de survie, de la crainte de la mort, de l'amour envers les enfants. Bref, tout ce qui favorise la transmission du matériel génétique. Le **libre arbitre** se situe entre ces fonctions de base et ce que nous sommes réellement. Le comportement est rarement déterministe. Il n'y a pas de « gène de la violence » ou de « gène du racisme » comme il y a des gènes qui déterminent la couleur des yeux. Même si le véhicule culturel peut en partie expliquer certains comportements répréhensibles, nous avons le pouvoir d'agir pour les désamorcer. »

Bien sûr, nous avons un libre arbitre, mais, il varie beaucoup d'un individu à l'autre, pour des raisons multiples.

Entre autres, l'inné et l'acquis. Ce sera donc le prochain sujet d'étude.

L'inné(e)

« Il est tout à fait évident que nous naissons tous avec des **tendances préexistantes** en terme de comportement et de personnalité, tendances liées à notre patrimoine génétique hérité. Le rôle de l'inné ne fait aucun doute. » (De l'auteur Jérôme Vermeulen, psychologue, sur GOOGLE).

Par exemple : « Si un musicien devient musicien, c'est justement parce qu'il est né avec un gyrus de Heischi plus grand que la normale, caractéristique biologique qui lui donne l'avantage de posséder ce talent particulier pour la musique. » (Du livre de Elkhonon Goldberg « Les prodiges du cerveau. » (Page 278).

L'acquis

« L'acquis a clairement son mot à dire et ne peut en aucun cas être sous-estimé! Il est tout aussi évident que la culture d'origine, le contexte historique, l'origine sociale dans une culture donnée, vont modeler les structures psychologiques, les comportements, les personnalités des individus, leur façon de parler, de réagir à certaines situations. »

« Ensuite, l'acquis est bien évidemment familial : la façon dont nos parents nous auront éduqués, les valeurs enseignées, les réactions observées et apprises, les atmosphères, les ambiances vont particulièrement peser sur notre rapport au monde. »

La conclusion de Jérôme Vermulen est celle-ci :

« Comme toujours, tout est à nuancer et méfiez vous du simplisme! Certains, nés dans un milieu très défavorisé, s'en sortiront très bien du fait de ce « petit quelque chose en eux ». . . D'autres ayant tout pour réussir, partiront sur une mauvaise pente. Ainsi, peut-être, l'éducation aura-t-elle pour principal objectif de développer et promouvoir ce que nous avons en nous dès la naissance, mais qui n'est jamais ni gagné ni perdu d'avance. »

(De l'auteur Jérôme Vermeulen, psychologue, sur GOOGLE).

***

Je vous avais dit en introduction que je réservais des espaces pour parler de tous ces miracles qui ont contribués et contribuent toujours à produire l'Univers et la vie jusqu'à nous. Alors, le moment est venu. Ça va nous reposer un peu de la psychologie.

C'est important d'y revenir car je tiens à ce que vous ne perdiez pas ce sens de l'émerveillement. Cela demeure, outre la culture, un des buts de mes écrits. Alors, ça vous tente ? Et bien allons-y.

OBSESSION 5

Les constantes fondamentales de l'Univers.

« L'un des exemples le plus frappant de ces constantes fondamentales que l'on dit être « sans dimension », est la célèbre « constante de structure fine » qui régit la force électromagnétique, l'une des plus banales dans notre quotidien. Elle a été découverte en 1916 par l'incontournable physicien allemand Arnold Sommerfeld, proche d'Einstein et maître à penser (entre autres) des Nobel Wolfgang Pauli et Werner Heisenberg. La valeur de cette constante (précisée en 2006) est exactement 1 divisé par 137,035999679… ce qui nous donne 0,0072973525376…Mais pourquoi cette valeur et pas une autre? Personne ne le sait. Toujours est-il que l'implacable réalité est là : si l'on prend un seul de ces chiffres, par exemple ici le dernier trouvé (qui est 6) et qu'on le remplace par un 7(ou par un 5 ou n'importe quel autre chiffre), tout ce détracte. La force électromagnétique tombe en panne et l'Univers tout entier cesse d'exister! » (Page 172).

« Il faut dire que ce nombre très étrange nous réserve bien des surprises. En voici une des plus troublantes : si nous le divisons par la constante de couplage contrôlant la gravitation, nous obtenons une nouvelle constante sans dimension, d'une importance cruciale qui s'écrit 10 puissance 36, c'est-à-dire, 1 000 000 000 000 000 00 0 000 000 000 000 000 000. Or, comme le remarque Feynman, si nous supprimons un ou deux zéros dans cette constante, l'expansion est freinée et l'Univers reste réduit à une taille miniature. Donc, impossible pour la vie de se développer. Au contraire, quelques zéros en plus et ni les étoiles, ni les planètes ne peuvent se former. « De quoi s'arracher les cheveux! », s'exclama alors Feynman en levant les bras au ciel. » (Page 175).

« Toutes, sans exception, montrent que si les conditions initiales, au moment même du Big Bang, et aujourd'hui, la valeur de ce qu'on appelle les « constantes fondamentales » avaient été un tant soit peut différentes, l'homme, la vie et l'univers lui-même ne seraient jamais apparus.

Tout semble « ajusté » comme si le cosmos entier, de l'atome à l'étoile, avait exactement les propriétés requises pour que l'homme puisse y faire son apparition. » (Page 164-165).

« Smoot, conclut en ces termes :

« On pourrait dire que « la main de Dieu » a tracé ce nombre et que l'on ignore ce qui a fait courir sa plume. On connaît le rituel expérimental auquel il faut procéder pour le mesurer, mais on ne sait pas quel programme il faut mettre dans un ordinateur pour en faire sortir ce nombre. » (Page 174-175).

« C'est peut-être à cette intelligence là qu'Einstein songeait en 1936, lorsqu'il a répondu (par lettre quelques jours plus tard) à un enfant qui lui demandait s'il croyait en Dieu : « Tous ceux qui sont sérieusement impliqués dans la science, finiront un jour par comprendre qu'un esprit se manifeste dans les lois de l'Univers, un esprit immensément supérieur à celui de l'homme. » (Page 187).

« Ce qu'il y avait avant le Big Bang équivaut un peu à se demander ce qu'il y avait avant que vous n'introduisiez le CD dans le lecteur, la mélodie était bien « là », mais sous forme d'information. De ce point de vue, la source de la colossale énergie qui, en quelques fractions de seconde, jaillit en torrents furieux du néant, pourrait bien être issue de l'information primordiale encodée à l'instant zéro. En ce sens, la **singularité initiale** pourrait être le support de ce que nous appelons le « code cosmologique » : une sorte de programme mathématique que nous pourrions comparer au code génétique pour un être vivant. Ce qui au passage, affaiblit terriblement le rôle qu'aurait pu jouer le hasard au moment du Big Bang » (et à fortiori avant). » (Page 248-249).

(Cela demeure une hypothèse, mais elle a tellement de sens que j'y adhère aisément).

« Le cosmos gonfle, grandit à chaque instant. Le chiffre est d'ailleurs phénoménal : Toutes les cinq secondes, notre Univers s'accroit d'un volume égal à celui de notre galaxie. » (Page 113).

Autre constat stupéfiant

« Par quelle étrange coïncidence la taille d'un homme est-elle égale au rayon de la terre multiplié par celui d'un atome? Pourquoi de la même manière, la masse d'un être humain est-elle égale à la masse de la terre multiplié par la masse d'un atome? » (Page 164).

Certaines lois sur terre maintenant

« Prenons les flocons de neige, ils ont des formes très différentes les uns des autres. Mais tous, sans aucune exception, ont six pointes. Pas quatre ou cinq, ou sept. Alors pourquoi six? Même si cela provient de l'eau dont sont formés ces flocons, qui donc en a décidé ainsi? » (Page 32).

Autre lois étrange

« Cueillez quelques marguerites cet été dans un pré, puis comptez leurs pétales. La première en a cinq, une autre en a treize, une autre encore huit. Mais vous ne trouverez jamais aucune marguerite avec sept pétales, ou seize. Pourquoi? Parce que le nombre de pétales d'une fleur n'est pas distribué au hasard. En réalité, il existe une loi mathématique cachée dans les profondeurs de la fleur. Mais à nouveau, d'où vient cette loi? » (Page 32).

(Les dix textes précédents proviennent du livre d' Igor et Grichka Bogdanov « Le visage de Dieu).

Autres phénomènes miraculeux ou constats hallucinants

Cette fois-ci, relevés du livre de Bill Bryson « Une histoire de tout, ou presque ».

« Comme l'écrit Paul Davies : « sans le carbone, la vie telle que nous la connaissons serait impossible. Il est d'ailleurs probable qu'aucune sorte de vie ne serait possible. Pourtant le carbone n'est pas si abondant, même chez l'homme, qui en dépend si étroitement.

Sur 200 atomes, votre corps contient 126 atomes d'hydrogène, 51 atomes d'oxygène, et seulement 19 atomes de carbone. Sur les 4 restants, 3 sont de l'azote et le dernier se répartit entre tous les autres éléments.

D'autres éléments ont un rôle crucial, non pour la formation de la vie, mais pour son **maintien**. Il nous faut du fer pour fabriquer l'hémoglobine qui nous est indispensable. Le cobalt sert à former la vitamine B12. Le potassium et un soupçon de sodium sont bons pour vos nerfs. Le mobdylène, le manganèse et le vanadium font ronronner vos enzymes. Le zinc, béni soit-il, oxyde l'alcool. » (Page 301-302).

Le Collagène

« On soupçonne que le corps humain peut contenir jusqu'à un million de types différents de protéines, chacune étant en soi un petit miracle. Selon toutes les lois de probabilité, les protéines ne devraient pas exister.

Un type de protéine, le collagène, pour épeler collagène, il vous suffit de disposer neuf lettres dans le bon ordre. Mais pour fabriquer du collagène, il vous faudrait disposer 1,055 acides aminés selon une séquence précise. À ceci près, et c'est là le point crucial, que nous ne le fabriquons pas. Il se fabrique tout seul, spontanément, sans aucune indication, et c'est là que les choses se corsent vraiment. Les chances qu'une séquence de 1,055 molécules, comme le collagène, s'assemblent spontanément sont franchement nulles. Cela ne peut simplement pas se produire. Pour saisir la difficulté, imaginez une machine à sous classique de Las Vegas, puis élargissez-là jusqu'à 27 mètres, pour être précis, pour y faire tenir 1,055 roues au lieu des trois ou quatre classiques, en inscrivant vingt symboles sur chaque roue (un pour chaque acide aminé commun). Combien de fois vous faudra-t-il abaisser le bras du bandit manchot avant d'obtenir les 1,055 symboles dans le bon ordre? Éternellement. Même en réduisant le nombre de roues à deux cents, soit un nombre plus classique d'acides aminés pour une protéine, les chances que vos symboles tombent selon les séquences prescrites sont de 1 sur 10^{260}, soit 1 suivi de 260 zéros. C'est plus que tous les atomes que contient l'Univers. » (Page 345-346).

***

Pour moi, ce dernier texte sur le collagène, me suffit amplement pour être convaincu d'une force créatrice transcendante qui dirige absolument tout, de l'Univers jusqu'a nous, les humains. Comment en serait-il autrement, tant il y a de phénomènes précis et tellement méticuleusement organisés, que là, ça dépasse toute tentative de compréhension possible.

Revenons maintenant à la psychologie, puisque c'est le thème principal de ce tome 2. Nous allons parler de :

L'effet placebo.

Croire peut transformer.

L'homéopathie.

En France...

Recommandations.

Tous cela dans le chapitre 6. Vous me suivez ? Allons-y.

OBSESSION 6

« Tout homme est un livre où Dieu Lui-même écrit ».

Victor Hugo

L'effet placebo.

« Un médecin qui n'obtient aucun effet placebo avec ses patients devrait devenir pathologiste. » (I.N.Blau, médecin, page 205).

« Les hypothèses scientifiques classiques ne rendent tout simplement pas compte de la façon dont fonctionnent les interactions « esprit/corps », le biofeedback, ou l'effet placebo. »

(Dean Radin, « la Conscience invisible » page196).

« Quel dommage qu'autant de personnes attribuent un mérite injustifié aux médicaments et non à leurs propres efforts. » (Thomas J. Moore, « Boston Globe » page 196).

« Placebo signifie « Je plairai » et nocebo « Je nuirai ». L'effet nocebo est un effet délétère sur la santé engendré par la croyance et la conviction d'une personne malade, qu'elle s'est trouvé en contact avec, ou bien qu'on lui a administré une puissante source de mal. Le plus souvent, des patients qui sont convaincus qu'un traitement est mauvais ou inutile, manifesteront souvent des symptômes qui confortent cette opinion. » (Page 203).

Croire peut transformer

« Le journaliste scientifique Alun Anderson suggère : **la confiance et la croyance** sont souvent perçues comme négative en science et l'effet placebo est rejeté comme une sorte de « fraude » parce qu'il repose sur les croyances du patient. Mais le véritable prodige est que la FOI puisse marcher ».Anderson a mis le doigt sur le point clé. Un matérialiste peut penser que l'effet placebo est une sorte de fraude précisément parce qu'il implique que l'esprit est capable d'agir sur le cerveau. (Page 206-207).

« En effet, l'effet placebo est en réalité provoqué par l'état mental du patient. » (Page 207).

(Les six textes précédents ont été prélevés du livre de Mario Beauregard et Denyse O'Leary « Du cerveau à Dieu ».

***

Cela me rappelle un fait particulier, dans ma vie, sur la croyance ou la foi.

J'étais dans la mi-vingtaine et alors que j'étais tailleur pour une compagnie de toiles pour les fenêtres, un jour je me coupai le doigt avec le couteau tranchant que j'utilisais pour tailler les toiles. Le sang coulait abondamment. J'étais un peu stressé par cette blessure. Je me rappelai alors que mon beau-frère, Jean Paul, venait juste de me dire quelques jours auparavant qu'il avait le don pour arrêter le sang! Sans me poser de questions, Je pensai alors à lui fortement, et comme de fait, le sang cessa immédiatement de couler, à tel point que la dernière goutte qui s'apprêtait à tomber est restée comme suspendue à mon doigt, comme figée, gelée.

Vous allez peut-être trouver que j'exagère, et pourtant non, c'est vraiment comme cela que s'est produite cette scène. Par contre, un autre jour où je m'étais coupé de nouveau, je repensai à mon beau frère et je me disais, (dans ma tête), « Ben voyons, ça pas de bon sens ça ». Et comme de fait, le sang continua à couler. Alors vous voyez à quel point la croyance peut être importante. Ne dit-on pas que : la foi soulève les montagnes!

Autres constats intéressants concernant l'effet placebo

« L'effet placebo reste la preuve indubitable que la pensée peut soigner le corps, et il existe bel et bien jusqu'au plus profond de nos cellules, des liens étroits entre les deux. En cancérologie, on a ainsi vu surgir tout un courant de pensée véhiculant l'idée qu'une attitude combative vis-à-vis de la maladie permettait, sinon de guérir, d'avoir une meilleure qualité de vie. La psycho-oncologie a fait son entrée dans les hôpitaux français depuis le « plan Cancer 2003-2007 » qui insiste sur la nécessité d'apporter un soutien psychologique aux malades. »

De la revue hors série de Science et vie no 256 page 114.

« La médecine occidentale aurait tout à gagner à se servir de l'effet placebo, dit Patrick Lemoine (directeur d'enseignement clinique, Université Claude Bernard (Lyon). Un patient convaincu par son médecin optimiste sera lui-même convaincu, du coup son cerveau se mettra à fabriquer les endomédicaments qui sont à l'origine de l'effet placebo. »

(De la revue Science et vie no 1168 page 57).

D'ailleurs, l'effet placebo réussit de petits miracles, là où la médecine classique échoue lamentablement.

Passons maintenant à **l'homéopathie**.

« Comme le montre l'homéopathie, dans le processus de guérison, existent obligatoirement des « agents immatériels » qui entrent en ligne de compte.

Pour tous les matérialistes, seule compte la matière et ils ne peuvent concevoir que quelque chose qu'ils ne voient pas puisse exister. » (Page 65).

« L'homéopathie est une médecine du corps vital. Si vous ne croyez pas à l'existence du corps vital, l'homéopathie et sa philosophie de « moins est plus » ne pourra que vous dérouter. Si vous acceptez l'existence du corps vital, non seulement vous comprendrez pourquoi moins est plus, mais vous vous émerveillerez devant l'intelligence de l'homéopathie en tant que système médical. » (De la revue Cerveau no 8, page 71).

Sur les bouteilles d'homéopathie, il est inscrit 30CH, cela veut dire que le médicament inséré dans la bouteille est dilué 30 fois avec de l'eau. Et c'est ce qui fait dire aux médecins matérialistes qu'il n'y a rien, absolument rien là dedans qui puisse amener à une amélioration de l'état de santé d'un malade. « Mais, il y a présentement, depuis l'été 2014, une nouvelle théorie proposée par le Dr Luc Montagnier dans un documentaire diffusé sur France 5, alimentant les forums sur internet, à propos de la **mémoire de l'eau.**

« L'expérience décrite est révolutionnaire : elle donnerait la preuve que l'eau conserve la mémoire des molécules qui l'ont traversées, même une fois, sous la forme d'ondes électromagnétiques. Cette idée d'une eau douée de mémoire justifierait l'efficacité de l'homéopathie, en plus de promettre une armée de nouveaux médicaments à prix dérisoires. Mais soyons honnêtes, la preuve se fait encore attendre. » (De la revue Science et Vie no 1169, page 34).

***

« À prix dérisoires », cela me rappelle une citation pertinente de Susan Mc Carthy, Salon, du Québec :

« Ni l'effet placebo, ni l'effet nocebo n'ont été beaucoup étudiés, mis à part l'inconfort médical d'un phénomène aussi spongieux, il n'y a pas d'argent à en retirer. » (Du livre de Mario Beauregard et Denyse O'leary « du cerveau à Dieu » Page 208).

***

« **En France**, ils sont beaucoup plus évolués et ouverts aux médecines alternatives que nous en Amérique du nord.

400, c'est le nombre de pratiques non conventionnelles à visée thérapeutique proposées en France.

40% des français ont recours aux médecines dites alternatives. Les trois les plus utilisées sont : l'homéopathie, suivie de près par l'ostéopathie et la phytothérapie (remèdes à base d'extraits de plantes).

72% des sondés estiment que, même dans le cas du cancer, les médecines complémentaires sont importantes en plus des traitements médicaux.

16 CHU sur 29 proposent des consultations en médecines complémentaires. (De la revue, Science et vie no 1168, page 53).

***

« **5,000**, c'est le nombre de médecins homéopathes en France.

34 pilules homéopathiques sont en accès direct en pharmacie.

58% des français l'ont déjà utilisées pour se soigner. En corollaire, « L'homéopathie prouverait l'effet placebo. »

(De la revue, Science et vie no 1168, page 63).

Pour tout vous dire, je prends un médicament homéopathique depuis plus de deux ans, venant de Cuba, et je vous garantie que ça fonctionne véritablement très bien. Faut-il y croire! Ce médicament a pour nom, **Vidatox**. Il est tout simplement miraculeux. Mais naturellement, il ne faut pas abandonner la médecine traditionnelle pour autant, plutôt y aller en collaboration. Également, vous devez avoir recours à d'autres stratégies pour que cela fonctionne le mieux possible. Vous avez sûrement deviné que si j'en parle, c'est que je suis moi-même diagnostiqué d'un cancer du poumon, et grâce à ce médicament, ma qualité de vie est excellente, et actuellement, je dépasse de plus de douze mois la date de péremption que mes médecins m'avaient prédit. Mon hémato-oncologue, m'a d'ailleurs confirmé que j'entrais désormais dans leurs records, ils n'ont jamais vu quelqu'un avec une telle longévité, après ce type de cancer.

Alors si vous me permettez, je vais donner quelques recommandations à ceux qui comme moi sont affligés d'un cancer.

Recommandations

- **Premièrement**, il est primordial de **CROIRE** fermement à la médecine alternative que vous aurez choisie. Personnellement, bien sûr, je vous suggère fortement l'homéopathie. Croyez très fort en vous, c'est vous qui avez le pouvoir avec votre esprit de choisir la bonne décision à prendre pour votre mieux- être.

- **Deuxièmement,** ne combattez pas le cancer avec de l'amertume, le couteau entre les dents. Le cancer, il est là, et peut-être disparaitra-il? Gardez plutôt votre joie de vivre, continuez à avoir de beaux projets. Aussi, ne vous gênez pas d'en parler, de dévoiler vos émotions ressenties. Faites également de beaux rassemblements entre amis(es), soyez optimiste et positif en vous reconnectant avec la nature. Ça, ce n'est pas du déni, mais bien plutôt une façon sereine d'affronter cette maladie.

- **Troisièmement,** ne vous fiez pas seulement aux pronostiques des médecins. Ils ne sont pas des devins. On dirait qu'il faut absolument que l'on entre dans leurs prévisions. Oubliez ça tout de suite !

- **Quatrièmement,** vous allez peut-être trouver curieux ce que je vais vous dire ici : n'entretenez pas trop d'espoir, car l'espoir peut devenir du désespoir. Ayez plutôt une très grande confiance en vos décisions et le pouvoir de votre esprit, dans la sérénité, et pourquoi pas se mettre en contacte avec Dieu, sans rien lui demander, simplement se blottir dans ses bras.

- **Cinquièmement,** Ayez le plus de connaissances sur le sujet de votre maladie.

- **Sixièmement,** Ne perdez jamais votre sens de l'humour.

- **Septièmement,** Lancez-vous dans la créativité : musique, peinture, écriture, photographie, etc. La créativité que vous allez exécuter, est une des plus belles façons d'apaiser son âme, et c'est très gratifiant et positif.

***

Est-ce que cette façon que je propose, d'affronter le cancer, serait une forme de sagesse ? Peut-être ! Mais, chose certaine, étant moi- même atteint de cette maladie, je parle donc par expérience. Et pour moi, cela fonctionne très bien, alors, pourquoi cela ne fonctionnerait-il pas pour vous?

Bon, alors puisqu'on parle de sagesse, allons-y plus en détail sur ce sujet. Ce sera donc le premier propos du chapitre 7. Suivez-moi.

OBSESSION 7

La sagesse.

« De temps immémorial, les hommes ont accepté le principe général que parmi toutes les facultés intellectuelles, la sagesse est la plus désirable. Le commencement de la sagesse c'est : acquiers la sagesse (Proverbe 4,7).

Mais comment ? Et de quoi s'agit-il au juste ? Au niveau personnel, avoir le sentiment de parvenir à la sagesse, est source de profonde satisfaction et de grand épanouissement. « La sagesse est de loin la première des conditions du bonheur », écrivait **Sophocle** dans Antigone. » (Page 88).

« De nos jours encore, nous considérons l'ordre et la modération comme signe de sagesse, et le chaos et les excès, à l'inverse, comme les conséquences d'un manque de sagesse. Au fil de l'histoire, la sagesse a toujours été comprise comme la fusion de plusieurs dimensions intellectuelles et morales, spirituelles et pragmatiques. Malgré cet intérêt constant pour le phénomène de la sagesse, aujourd'hui encore elle demeure un mystère. » (Page 88-89).

« Dans l'esprit de la plupart d'entre nous, la compétence, à l'instar de la sagesse, est aussi le fruit de la maturité. Se représenter la sagesse comme un degré de compétence, c'est aller dans le sens de l'approche adoptée par les psychologues Paul Baltes et Jacqui Smith, qui définissent la sagesse comme un « savoir expert », une capacité surdéveloppée à traiter la « pragmatique fondamentale de la vie », laquelle suppose des « questions importantes, mais difficiles, au sujet de l'existence ». Ils placent les notions de « riche savoir factuel » et de « riche savoir procédural » parmi les grandes conditions préalables à la sagesse, et ils font remarquer que l'accumulation de tels savoirs, par définition, nécessite une longue vie. » (Page 97).

« Le talent et sa forme suprême, le génie, et la compétence et sa forme suprême, la sagesse, sont à la fois unis et contrastés. Ils sont deux stades du même cycle de vie. Le talent est une promesse, la compétence est un aboutissement. Le génie (et le talent) est en général associé à la jeunesse. La sagesse (et la compétence) est le fruit de la maturité. Einstein, le génie, fut l'homme de vingt-six ans qui formula la découverte emblématique du vingtième siècle, la théorie de la relativité restreinte. Einstein le sage, était l'homme de 60 ans qui conseillait le président Roosevelt sur les questions de guerre, de paix et d'énergie nucléaire, la menace emblématique du vingtième siècle. Mais cela ne se produit pas toujours. L'histoire est pleine d'exemples de « génies inachevés » qui ne sont pas parvenus à évoluer vers la sagesse. » (Page 94-95).

Exemple : « Le complice et amant de Rimbaud, le grand poète Paul Verlaine, mourut dans l'éparpillement et la débauche sans le moindre signe d'évolution vers la sagesse. » (Page 96).

La sagesse versus l'empathie

« L'empathie (pouvoir de se projeter dans l'esprit d'autrui) et la capacité à produire des raisonnements moraux, comptent parmi les plus importants ingrédients de la sagesse, selon toutes les définitions du terme, à part égale avec la capacité à résoudre des problèmes de manière efficace. Dans la plupart de ces définitions, la sagesse implique la capacité de gérer des considérations pragmatiques « centré sur l'acteur », et des considérations éthiques « mues par l'empathie ». Le cortex préfrontal a pour rôle spécifique de fournir la machinerie neuronale qui réunit ces deux facteurs et les fait travailler ensemble dans un processus unique, bien intégré, qui conduit à la prise de décision. » (Page 190-191).

« De l'empathie et de cette capacité à lire dans l'esprit d'autrui, la recherche en neuro-imagerie fonctionnelle a montré que ces caractéristiques mentales supérieures dépendent des lobes frontaux. Nous nous les approprions fièrement, nous les êtres humains, et nous, rechignons à les accorder à d'autres espèces. Face à certaines preuves irréfutables, nous concédons de mauvaise grâce que quelques autres primates, les grands singes pour les nommer, possèdent des rudiments de ces capacités. En guise d'exemple, une célèbre photographie vient à l'esprit : un bébé chimpanzé se précipite pour réconforter son « ami » humain lorsque celui-ci feint la douleur. » (Page 191-192).

Et que dire de Britt, le bullmastiff de Elkhonon Goldberg ! Lisez bien ce qui suit et ce qu'il en dit lui-même, c'est vraiment attendrissant.

« Quand je fais mine d'être triste ou accablé, en me prenant le visage dans les mains, puis en commençant à pleurnicher, Britt s'inquiète. Il interrompt aussitôt l'activité qu'il a en train, approche en courant et me lèche le visage. Il ne fait pas cela quand je mime d'autres émotions.

« L'espèce canine se trouve très, très loin du pinacle du développement des lobes frontaux, cependant elle possède indiscutablement un cortex préfrontal, sans doute assez pour que Britt ait une capacité rudimentaire (et peut-être pas si rudimentaire que ça !) à « lire dans mes émotions » et à faire preuve d'empathie. » (Page 192-193).

(Les 8 textes précédents proviennent du livre d'Elkhonon Goldberg « Les prodiges du cerveau ».

***

J'ai cité précédemment le cas du chimpanzé qui avait eu un élan de tendresse envers son « ami » humain, mais à choisir, il est de beaucoup préférable d'avoir comme animal de compagnie, un chien plutôt qu'un chimpanzé. Le chien est définitivement l'animal qui est le plus près de l'être humain. Il est l'animal qui ressent le plus les émotions de l'être humain. Ne dit-on pas, que le chien est le meilleur ami de l'homme? Définitivement. Le chien est fidèle, et il vous protège, et il vous aime vraiment.

Comme preuve de la fidélité et de l'amour d'un chien envers son maître, on n'a qu'à penser au chien hachiko, de la race akita, au Japon, qui lors du décès de son maître, il attendit quotidiennement son retour du travail pendant près de dix ans, à la gare de Shibuya, l'un des arrondissements de Tokyo. Une statue a été érigée en son honneur, à la gare de Shibuya, face au Shibuya crossing. Un film américain a été produit en 2009 avec Richard Gere. Ce film est très convaincant de la fidélité et de l'amour qu'un chien peut avoir envers son maître, c'est un film très émouvant.

***

Bon, il a été parlé également de la sagesse versus le vieillissement et le génie. Mais comment comprendre que le génie puisse être si près de la folie, et même être carrément dans la folie?

C'est le sujet que l'on va essayer de comprendre, dès maintenant.

Le génie, près de la folie!

« Nombreux sont les artistes célèbres ou les grands savants à avoir souffert de graves troubles mentaux.

Quelle part la folie tient-elle alors dans la créativité ? Entre lumière de l'esprit et tourment de l'âme, plongée dans les affres des êtres d'exception. Quelle intrigue que le champ des arts, des lettres, de la philosophie, des sciences ou de la politique, la créativité « haut de gamme » nait-elle des désordres de l'esprit ? » (Page135).

Exemples :

« En 1840 et 1849, lors de deux pics d'hypomanie (surexcitation), Schumann le musicien, compose 24 puis 27 opus majeurs. Les années 1833-34 et 1843-44, où il sombre dans une sévère dépression, sont quasiment stériles.. » (Page 138).

« L'ancien Premier ministre britannique Winston Churchill évoquait souvent son combat contre « le chien noir » : c'est ainsi qu'il appelait ses phases de dépression, pendant lesquelles une doublure officielle le remplaçait. » (Page 140).

« Le mathématicien américain John Nash, prix Nobel d'économie, en 1994 a connu pendant 25 ans les affres d'une schizophrénie paranoïde : des extraterrestres, assurait-il, lui adressaient des messages codés dans le New-York times. » (Page 136).

Autre mathématicien :

« Exemple vivant du « fou génial », le russe Grigori Perelman, surdoué des mathématiques, prétend qu'il peut gouverner l'univers. » (Page 134).

« De nombreux psychiatres voient dans la bipolarité, parfois appelée la « maladie des génies », l'explication de l'hyperactivité et du génie créateur du poète, dramaturge, romancier, dessinateur, homme politique et pair de France que fut Victor Hugo. » (Page 137).

(Les six textes précédents ont été relevés de la revue, hors série de Science et vie no 255).

***

« Le trouble bipolaire et les accès de dépression sont connus pour être le destin d'innombrables écrivains, scientifiques et explorateurs. Jablow Hershman et Julian Lieb ont qualifié le trouble maniaco- dépressif de « clé *du génie* ». » Ils soutiennent que les plus importants personnages *qui ont* façonné la civilisation humaine, tel que : Beethoven, Byron, Dickens, Newton, Pouchkine, ou Van Gogh, étaient tous frappés par cette maladie. »

(Du livre de Elkhonon Goldberg, « les Prodiges du cerveau ». (page 253).

***

(Revenons à la revue hors série no 255 de Science et vie)

« Il ne suffit pas de souffrir de troubles affectifs pour être génial; encore faut-il avoir des aptitudes cognitives et des idées sortant du rang. De même, tous les génies ne souffrent pas de troubles affectifs. De fait, d'immenses « inventeurs d'univers », surtout en musique ou en peinture (Bach, Rubens, Raphaël, etc) ont mené une existence tranquille et équilibrée. Mais autant, sinon plus de personnalités ayant bouleversé la sensibilité, les croyances, l'éthique, voire, la conception du monde de leurs contemporains, ont frôlés le gouffre de la folie, quand ils n'ont pas basculé dedans. » (Page136).

« Cette affection neuropsychique alterne des « Hauts » et des « Bas » et des crises d'abattement dépressif. L'euphorie la plus incontrôlable, associée à une suractivation du cerveau émotionnel, y succède au désespoir le plus profond, ce dernier pouvant conduire à la déroute complète ou au suicide » commente Sébastian Dieguez. » (Page 136).

« Durant toute la durée de l'accès maniaque, qui s'accompagne d'une diminution des inhibitions et des barrières sociales, « les associations d'idées sont plus faciles, originales, visionnaires », précise Philippe Brenot, et « l'accès très rapide à l'inspiration » s'avère un atout considérable pour le génie créateur. Outre les noms déjà cités, se côtoient pêle-mêle : le roi de France Charles X1 dit « le fol », Napoléon, Hemingway, Dostoievski, Malraux, Lincoln, Alexandre le Grand, Berlioz, Virginia Wolf, etc. » (Page 137).

En voici d'autres :

« Chateaubriand est diagnostiqué « épuisé précoce », le philosophe Auguste Comte « psychopathe mystique avec hallucinations et extases », Musset « dégénéré supérieur », Balzac « maniaque ambulatoire » et Flaubert « hystéro-épileptique » (Page 136).

Que dire maintenant des autistes.

« Madame Temple Grandin est un cas exceptionnel d'autiste surdouée. À six ans, elle fuyait en hurlant au moindre contact. Elle est devenue professeur d'université et experte mondiale en conception d'équipement pour l'élevage industriel. »

Autre exemple :

« Daniel Tammet, autiste asperger, il maitrise une dizaine de langues dont l'islandais, le lituanien, l'espagnol, le français, l'allemand, le roumain et l'espéranto, qu'il a apprises sans difficulté grâce à son « hypermémoire ».

Également, Daniel Tammet, mathématicien Britannique, a réalisé la prouesse d'énumérer par cœur en public, le 14 mars 2004, 22,514 décimales du nombre pi, sans commettre la moindre erreur.

Que dit Thomas Bourgeron de l'institut Pasteur?

« Nous ignorons quelles connexions synaptiques précises sont atypiques dans le système nerveux central des autistes de haut niveau. »

L'exploration des bases neurologiques de l'autisme savant n'en est encore qu'à ses prémisses. » (Page 139-140-141).

***

Je reviens sur le texte qui cite des personnes atteintes de bipolarité à l'effet qu'elles ont une diminution des inhibitions et des barrières sociales.

La question que je me pose : est-ce qu'elles auraient à ce moment là, un accès privilégié à leur inconscient ou leur subconscient, d'où elles puiseraient la source de leur inspiration? Est-ce possible?

D'où provient l'inspiration?

Voici ce qu'en dit Marco Caldi à ce sujet, dans un article intitulé « la force de l'art » et « l'inspiration » (L'appel des hauteurs), sur Google.

« De nos jours, un nombre assez important de personnes considèrent l'esprit comme la manifestation des possibilités du cerveau humain. La généralisation des expressions comme « esprit brillant », quand un individu excelle intellectuellement, ou que l'on qualifie de « spirituel », sont considérées comme émanant de l'activité du cerveau, et reflète une conception matérialiste de l'existence. Mais l'art permet de percevoir la constitution plus subtile de notre esprit, une essence ne s'arrêtant pas aux possibilités du cerveau et de ce qu'il produit de plus élevé : l'intellect. En effet, dans le domaine de l'art, des notions indéfinissables, impossibles à analyser ou à mesurer intellectuellement s'y véhiculent. Autrement dit, le cerveau interprète subjectivement ce qui à l'origine, demeurait objectif; l'expression de l'être humain. Lorsqu'un compositeur crée quelque chose de valeur, il se trouve en face de la Force éternelle dont est issue toute vie, et il puise alors dans cette Force vivante. En se concentrant dans le calme et la solitude intérieure, il doit attendre les indications de cette Force qui est supérieure à l'intellect. Sait-il établir la communication avec cette Force, il devient comme un projecteur capable de transmettre dans le monde visible, ou du moins, pour le compositeur, dans le monde de l'audible, l'indéfinissable et l'invisible. C'est la même Force à laquelle Bach et Beethoven ont puisé. Tous les compositeurs en dépendent s'ils veulent créer quelque chose de valable. Seul, l'art et les œuvres inspirées par cette force vivifiante ont survécus au temps et aux peuples qui se sont effondrés sous l'action de leur intellectualisme froid et dénué de vie. Beethoven était de ce fait, très conscient de son harmonie avec la Divinité. Il avait un contact très intense avec les irradiations qui émanent de Dieu. »

***

On peut donc dire que l'inspiration vient d'en « haut », en haut voulant dire, du Créateur tout puissant, qui est Dieu, ou d'un guide spirituel.

Cela rejoint l'idée de Lothar Shäfer, cité dans le tome 1 de l'obsession du temps, à savoir que : « Il y a une potentialité cosmique de type pensée qui nous a choisi et nous fait ressentir une pression très forte pour que nous puissions exprimer sa potentialité. Sa potentialité devient notre potentialité exprimée dans l'art. »

Cela me fait penser à ce que j'essayais d'expliquer à mon beau-frère, alors qu'il me demandait comment je procède pour composer des pièces musicales, d'où me vient l'inspiration ? Je lui répondis alors ceci :

Pour composer des pièces musicales, il faut d'abord ressentir une émotion très forte qui nous invite à vouloir créer quelque chose, et demeurer focalisé sur cette émotion. Ensuite, lorsque l'on sent l'inspiration venir, se laisser aller tout simplement aux idées qui arrivent à un jour donné, ou un autre jour. À ce moment là, comme j'expliquais à mon beau-frère, je suis comme dans une bulle, ou un état second. Mes mains se promènent sur le piano comme par magie pour créer une œuvre complètement neuve. À tel point que par la suite je me dis quelques fois :

« Mais, d'où j'ai été cherché ça ? »

Cette bulle dont je parlais, serait comme une sorte de flottement du cerveau conscient qui permettrait au créateur d'être en communication direct avec son inconscient, d'où provient véritablement l'inspiration et d'où agit la Force transcendantale à travers soi.

***

Comme il est dit dans la revue, (Cerveau, Science et conscience no11).

L'intuition

« De même que l'intuition est un message **de l'inconscient** qui nous parvient par un autre canal que le raisonnement de la pensée, le rêve est un véhicule privilégié pour que l'inconscient nous délivre des messages. »

(Sophie Burnham, auteur de *The art of intuition, Page 39)*.

« Pour Sophie Burnham, l'intuition est : « le fait de savoir quelque chose sans la moindre idée du pourquoi on le sait », une sorte de « savoir sans savoir » bien spécifique, non réductible à la pensée et à ses instruments tels que la logique et l'analyse. Une définition elle-même purement… intuitive. » (Page 38).

« Pour laisser son intuition agir, il faut pouvoir se centrer sur soi-même de façon à se connecter « à sa sagesse la plus profonde ». La solitude n'est-elle pas une alliée de la pensée créative? » (Page 39).

Thomas Carlyle, historien et écrivain britannique, décédé en 1881, disait :

« La pensée est si silencieuse, elle ne domine pas, mais pénètre dans tous les esprits, et en utilisant uniquement des combinaisons d'idées, telles des formules magiques, elle soumet le monde à sa volonté. »

Victor Hugo indiquait en une formule lapidaire que « le raisonnement vulgaire rampe sur les surfaces; l'intuition explore et scrute le dessous ». (Page 38).

L'art oriente l'artiste à soumettre son intellect au service de son « ressenti » intérieur. Les rôles y sont inversés, et cela de manière naturelle.

J'aime beaucoup toutes ces réflexions sur l'inspiration, car elles viennent conforter mes « intuitions » et dissiper tous les doutes que je pouvais avoir sur la provenance de l'inspiration. Je souscris donc aisément à ces explications, étant moi-même un être spirituel de nature.

Alors, si je résume :

Je mettrais en premier, l'élan qui va propulser le désir de créer une œuvre musicale; **l'émotion, ou le ressenti,** et demeurer focalisé sur cette émotion jusqu'à ce que vous ayez **l'intuition** que **l'inspiration** vienne.

Par la suite lorsque **l'inspiration** se présente, demeurez focalisé, et laissez vous aller dans la direction où votre guide « spirituel » vous amène, car, comme déjà dit : l'inspiration vient « **d'en haut** ».

***

Bon, puisqu'on vient de lâcher le mot « **d'en haut** », et bien restons-y, en haut, et retournons nous promener dans le cosmos. Ça vous va ?

C'est avec une autre constante cosmologique que nous allons débuter le chapitre huit. Suivez-moi.

OBSESSION 8

La constante cosmologique.

« La constante cosmologique est tout simplement prodigieuse et ne peut définitivement être dû au hasard. En unité de Plank, la constante s'écrit 0, puis la virgule, puis 119 zéros derrière, jusqu'à ce que l'on trouve enfin un chiffre non nul au 120ième rang. La constante en question a une chance sur un milliard de milliard de milliard de milliard de milliard de milliard de milliard de milliard de milliard de milliard de milliard de milliard de milliard de tomber juste sur la « bonne valeur » (c'est-à-dire la sienne), par hasard! » Ouf! (Page 179).

« Le Baron de Ludlow, astronome royal, président de la Royal Society et directeur du très sélectif Trinity College a déclaré un jour, laissant bouche bée les pairs de la chambre des Lords, qu'il suffirait de toucher un seul chiffre sur l'une de ces constantes pour provoquer inéluctablement la fin du Parlement britannique, et celle de tout l'Univers. » (Page 176).

« Pourquoi la vitesse de la lumière est-elle de 299 792 458m à la seconde ou pour quelle raison le premier terme de la constante de gravitation revêt-il la valeur de 6,67? Pourquoi ces valeurs là et pas d'autres? » (Page 171).

« Contrairement à ce qu'affirme le biologiste Jacques Monod, grand défenseur de l'idée de hasard universel, la vie ne semble pas explicable par une série d'accidents. Il y a aussi peu de chance, comme l'observe le théoricien de la complexité James Gardner, que des systèmes complexes soient apparus par hasard dans l'Univers, qu'un Boeing 747 s'assemble spontanément au cœur de la ceinture des astéroïdes, à partir des matériaux environnants. Tout semble au contraire avoir été minutieusement préparé, organisé dans le grand Théâtre cosmique pour permettre l'apparition sur la scène de l'univers d'une matière ordonnée, puis de la vie, et enfin de la conscience. » (Page 186).

L'Univers m'étourdit

« Le contenu de l'univers serait fait de seulement 4% de la bonne vieille matière de tous les jours, faite à partir d'atomes. Et le reste? Un peu moins du quart serait composé de ce qu'on appelle la matière noire (qui ne serait pas faite d'atomes?) Tandis que près des trois quarts restants seraient tout simplement de l'énergie noir. Peut-être bien. Le gros problème, c'est que personne ne sait vraiment ce qu'est l'énergie noire. D'où vient-elle? Le mystère reste total. » (Page 149).

(Les cinq textes précédents proviennent du livre d'Igor et Grichka Bogdanov, « Le visage de Dieu »).

***

Notre système solaire. (Son gigantisme)

« Sur une carte à une échelle réduisant la terre au diamètre d'un petit pois, Jupiter se trouverait encore à plus de 300 mètres de votre livre, et pluton à deux km (et de la taille d'une bactérie, de sorte qu'elle serait invisible de toute façon). À la même échelle, Proxima du Centaure, l'étoile la plus proche de nous, se trouverait à environ 15,000 km de là. Alors, c'est énorme, gigantesque. » (Bill Bryson page 39).

Imaginez maintenant l'immensité du cosmos! Non je ne peux pas vous demander cela, car c'est inimaginable à tel point c'est immense, regardez bien ce qui suit.

« Qu'y a-t-il au-delà de notre système solaire? Hé bien, rien du tout et beaucoup de choses, selon la perspective que l'on adopte. À court terme, il n'y a rien. Le vide le plus parfait jamais crée par l'homme n'est pas aussi vide que le vide de l'espace interstellaire. Il y a des tonnes de ce néant avant d'atteindre le prochain petit fragment de quelque chose. Notre voisine la plus proche dans le cosmos, Proxima du Centaure, qui appartient à l'amas de trois étoiles nommé Alpha du Centaure, se trouve à 4,3 années-lumière, un saut de puce en terme galactique mais qui représente quand même cent millions de fois le voyage jusqu'à la lune. La distance moyenne entre les étoiles est de 32,000 milliards de kilomètres. L'espace est complètement hors de notre conceptualisation. Et comme si ce n'était pas assez, (cité précédemment dans le chapitre 5) toutes les cinq secondes, notre univers s'accroit d'un volume égale à celui de notre galaxie. » **OUF!** (Bill Bryson, page 42-43).

***

Parlant d'expansion...

« La totalité de notre cycle de vie ainsi que le cours de l'évolution par sélection naturelle correspondent au cycle quotidien du jour et de la nuit. « On penserait volontiers que l'existence de la nuit n'est que la conséquence de la rotation de la terre et de sa position relative au soleil. Mais tel n'est pas le cas. C'est une conséquence de l'expansion de l'univers. Si l'univers n'était pas en expansion, où que nous dirigions notre regard dans l'espace, notre ligne de vision aboutirait à une étoile. Dans un Univers qui ne serait pas en expansion, le ciel ressemblerait à la surface d'une étoile. La lumière des étoiles nous illuminerait en permanence. L'expansion de l'Univers affaiblit l'intensité de la lumière provenant d'étoiles et de galaxies lointaines, et confère au ciel nocturne son obscurité ».

(Revue, Cerveau no 14, page 72).

Les saisons

« La clé des variations saisonnières de la terre et de toute la diversité qui en découle tient à un petit « accident » (pas sûr) dans sa formation : le fait que son axe de rotation soit incliné par rapport au plan sur lequel elle tourne autour du soleil. La terre eût été un endroit bien plus terne si son axe de rotation ne s'écartait pas de la perpendiculaire au plan de son orbite. Sans cette inclinaison, il n'y aurait pas de saisons. Même de petites modifications de l'obliquité pourrait avoir des conséquences catastrophiques pour notre climat. Il en résulterait sur terre une situation climatique d'une extrême dureté. Ces découvertes mettent en évidence l'importance capitale d'une présence lunaire sur une très longue échelle de temps. »

(Relevé dans la revue, Cerveau, Science et Conscience no 14, page 74).

L'atmosphère

« Béni soit l'atmosphère. Elle nous garde au chaud. Sans elle, la terre serait une boule de glace sans vie dotée d'une température moyenne de moins cinquante degrés centigrades. En outre, l'atmosphère absorbe ou dévie des essaims de rayons cosmiques, de particules chargées, de rayons ultraviolets, etc. En tout, le capitonnage gazeux de l'atmosphère équivaut à une épaisseur de cinq mètres de béton et, sans lui, ces visiteurs invisibles de l'espace nous transperceraient comme de petits poignards. Même les gouttes de pluie nous assommeraient si elle n'agissait pas comme un frein. » (Du même livre de Bill Bryson cité précédemment, à la page 306).

L'eau, l'énergie de la vie

« La plupart des liquides se contractent d'environ 10% en refroidissant. L'eau fait la même chose, mais jusqu'à un certain point. Quand elle n'est plus qu'à un cheveu de geler, elle se met, d'une façon perverse, trompeuse, et totalement improbable, à se dilater. Une fois à l'état solide, elle a gagné presque 10% de son volume. Parce qu'elle se dilate, la glace flotte sur l'eau « une propriété des plus bizarres » selon John Gribbin. En l'absence de ce comportement splendidement déviant, la glace coulerait et les lacs et les océans gèleraient à partir du fond. Sans la couche de glace qui lui conserve sa chaleur, l'eau irradierait celle-ci, se refroidissant encore et formant d'avantage de glace. Bientôt même, les océans gèleraient et resteraient sans doute gelés longtemps, voire éternellement, une situation for peu favorable à la vie. Heureusement pour nous, l'eau semble ignorer royalement les lois élémentaires de la physique et de la chimie. »

(Bill Bryson, « une Histoire de tout ou presque » page 324).

« C'est par hasard que des chimistes ont découvert le phénomène : en insérant dans une goutte d'eau, deux molécules simples, celles-ci ont rapidement formé des molécules complexes, sans la moindre intervention extérieure! Par la seule force de la « tension de surface » qui, au sein d'une goutte, incite toutes molécules à se lier entre elles. Une découverte majeure car elle offre enfin un scénario crédible à l'apparition de la vie :

Les réactions initiées dans les gouttes auraient pu se propager sur la terre primitive, notamment via les nuages. Qui-a-t-il à l'intérieur d'une goutte? Il y a l'énergie de la vie. Une énergie que les scientifiques cherchent maintenant à maitriser. » (Revue Science et vie no 1169, page 43).

Revoyons ensemble d'autres réflexions sur le temps.

Ce temps qui nous échappe 2 :

Voyons ce qu'en pensent les 2 frères Bogdanov, du même livre « Le Visage de Dieu. »

« Dans le cas où, comme nous le pensons, un mystérieux code cosmologique serait bien situé à l'origine de l'univers, c'est-à-dire à l'instant zéro, alors il serait du même coup plongé dans le temps imaginaire. Comme on l'a vu à plusieurs reprises, dans la vie de tous les jours, le « temps qui passe » est associé à de l'énergie (un feu brûle et libère son énergie dans le temps, un moteur libère son énergie dans le temps). Pour prendre un exemple familier, lorsque vous projetez sur votre téléviseur le dernier film DVD que vous venez d'acheter, vous allez consommer une certaine quantité d'énergie (électrique, lumineuse, mécanique, etc) mesurable et répartie dans le temps. Vous ne pourrez ni ralentir la lecture du film, ni l'accélérer (sans quoi, vous ne comprendrez rien au film) : vous êtes absolument contraint de demeurer sagement devant votre écran du début jusqu'à la fin. Or dès que vous éjecterez votre DVD du lecteur, le film quittera alors le monde du temps réel (celui de l'énergie) pour entrer dans celui du temps imaginaire, (celui de l'information). » (Page 253-254).

***

J'aime bien la citation suivante que je vais vous narrer. Elle explique pourquoi le voyage dans le temps est impossible à concevoir.

« Voici un argument purement logique qui instaure l'impossibilité physique de voyages temporels. C'est le logicien Kurt Gödel qui dans les années,1940, a mis le doigt sur ce fait : Les lois de la relativité permettent d'imaginer un dispositif physique à remonter le temps (les trous de ver spatio-temporels), mais cela est formellement interdit par la logique à cause du paradoxe du grand-père : si on revient dans le passé et qu'on tue son grand-père quand il était enfant, on ne naîtra pas et donc on ne reviendra pas dans le passé pour tuer son grand-père, et celui-ci vivra ».

(De la revue hors série de Science et vie no 256, page 47).

Parlant du temps, voici deux analogies vraiment intéressantes sur le temps :

Analogies sur le temps :

« Si vous pouviez remonter le temps à la vitesse d'une année par seconde, il vous faudrait une demi-heure pour atteindre l'époque du Christ, un peu plus de trois semaines pour remonter au commencement de la vie humaine, mais vingt ans pour atteindre l'aube du cambrien. C'était donc il y a extrêmement longtemps, et le monde était un endroit très différent. »

(Bill Bryson, de son livre « Une histoire de tout, ou presque, page 391-392).

Mais, la meilleure est celle-ci :

« Si on imagine que la vie sur terre est apparue hier, et que vingt quatre heures correspondent à 3,5 milliards d'années, le règne humain a commencé voici moins de …cinq secondes. » (De la revue, science et avenir, no 831, page 41).

Retenez bien ce chiffre de cinq secondes, je vais y revenir un peu plus loin.

***

De l'être humain

« On sait aujourd'hui que si les embryons de la morue, du cheval et de l'humain passent par un stade au cours duquel on observe dans chaque espèce des ébauches de branchies, c'est bien que ces différentes espèces ont évolué à partir d'un ancêtre commun, une espèce de poisson aujourd'hui disparue. Or les recherches les plus récentes concernant ces ancêtres communs ont permis de mettre en évidence un fait extraordinaire : l'évolution future du cerveau primitif de ces créatures vers le néocortex humain semble déjà codé dans le génome du cerveau reptilien de ces lointains ancêtres. Il s'agit là d'une question nouvelle intéressante : elle suggère que l'évolution des espèces ne dépendrait pas *seulement* du hasard. » (Igor et Grichka Bogdanov, « Le visage de Dieu, page 256-257).

« En cent ans le nombre d'humains a été multiplié par quatre, 1,5 milliard en 1900, 6 milliards en 2000; un tel rythme de croissance ne s'était jamais produit. Les conséquences des actions des hommes sur leur environnement posent, en raison de cette évolution brutale, des problèmes totalement nouveaux et cruciaux. » (Albert Jacquard, « Dieu », page 17).

Alors, ce dernier texte d'Albert Jacquard, m'amène à vous parler d'un sujet pas tellement glorieux de l'être humain : **la pollution.**

La pollution

Oui, l'effet de l'homme sur l'écosystème et la biodiversité, est tout simplement catastrophique, et je me sens donc obligé d'en parler car, c'est très important pour toute vie sur terre.

N'oubliez pas que ce livre, ainsi que le tome 1, se veulent des livres de culture, de croissance personnelle, et de conscientisation, ainsi qu'une invitation à une certaine spiritualité. Allons-y donc.

***

« C'est au 19ième siècle avec l'essor de la chimie et de l'industrialisation que la pollution a pris de l'ampleur, en conséquence de l'accumulation de très grandes quantités d'éléments toxiques. Les smogs qui polluèrent les villes britanniques de cette époque sont emblématiques de ce phénomène.

(WIKI, magazine « Futura- Science ».

« C'est donc principalement la révolution industrielle qui a conduit la pollution aux niveaux connus de nos jours. La combustion massive de charbon a mené la pollution de l'air à des niveaux sans précédents, les industries déchargèrent leurs effluents chimiques et leurs déchets sans traitements particuliers, polluant les cours d'eau, les nappes phréatiques et les sources d'eau potable. Et la pollution du sol est provoquée par l'utilisation excessive d'engrais, de pesticides, etc. (Wiki, « l'encyclopédie libre »).

***

Maintenant, lisez bien attentivement ce qui va suivre, car, c'est assez hallucinant comme constat, et assez révoltant.

« L'inventeur de l'Ohio nommé Thomas Midgley, en 1921, découvrit en étudiant le plomb tétraéthyle, qu'il réduisait considérablement les détonations des moteurs à explosion. Bien que la dangerosité du plomb ait été établie de longue date, on en trouvait au début du 20ième siècle dans tous les produits de consommation courante. Les boîtes de conserve étaient scellées au plomb. L'eau était souvent stockée dans des citernes en plomb. Il était vaporisé sur les fruits en tant que pesticide sous forme d'arsenic de plomb. On en retrouvait jusque dans les tubes de dentifrice.

En bref, il n'y avait quasiment pas de produit qui n'en apportât son lot dans la vie du consommateur. Mais rien ne le fit entrer de façon plus durable dans notre intimité que son adjonction à l'essence. Le plomb est une neurotoxine. Prenez en trop et vous risquez des dommages irréversibles au cerveau et au système nerveux central.

En 1923, trois des plus grandes compagnies américaines, General Motors, Du Pont et Standard Oil, formèrent donc une société, l'Éthyle Gazoline Corporation, en vue de fabriquer autant de plomb tétra éthyle que le monde était disposé à en consommer, c'est-à-dire beaucoup, et l'offrirent à la consommation publique (dans bien plus de produits que les gens n'en avaient conscience) le 1^{ier} février 1923.

En for peu de temps, les ouvriers des usines de production commencèrent à montrer la démarche hésitante et la confusion d'esprit typiques d'un début d'empoisonnement.

Encouragé par le succès de l'essence au plomb, Midgley se tourna vers un autre problème technologique de l'époque. Les réfrigérateurs des années 1920 étaient souvent dangereux parce qu'ils contenaient des gaz toxiques qui s'en échappaient à l'occasion. Une fuite dans un réfrigérateur à l'hôpital de Cleveland tua à elle seule cent personnes en 1929.

C'est ainsi qu'avec un instinct très sûr pour le désastre, il inventa les chlorofluorocarbures, ou CFC. On a rarement vu un produit industriel être adopté aussi vite et faire une telle unanimité. La production des CFC commença au début des années 1930 et ils trouvèrent aussitôt des centaines d'applications dans tous les domaines, de l'air conditionné dans les voitures jusqu'aux déodorants en spray, avant que l'on s'avise un demi-siècle plus tard, qu'ils dévoraient l'ozone de la stratosphère. Comme vous le savez sans doute, ce n'est pas une bonne chose.

L'ozone est une forme d'oxygène dans laquelle chaque molécule porte trois atomes d'oxygène au lieu de deux. C'est une sorte de bizarrerie chimique : polluant au niveau du sol, mais bénéfique tout là haut dans la stratosphère, où il absorbe les dangereux rayons ultra-violets. Or l'ozone bénéfique n'est pas très abondant : s'il était distribué de façon égale dans toute la stratosphère, il y formerait une couche d'environ 0,3cm. Cela explique qu'il soit si facilement perturbé et que ces perturbations prennent rapidement un caractère critique. En bref, les chlorofluorocarbures se sont révélés la pire invention du $20^{\text{ième}}$ siècle. » (Du livre de Bill Bryson, « Une histoire de tout, ou presque » page184 à 187).

Biodiversité

« En un peu moins d'un demi-siècle, la terre a vu disparaître la moitié de la faune sauvage. Et cette hécatombe est essentiellement due à l'action de l'homme. Tel est le triste constat de l'organisation non gouvernementale WWF dans son dernier rapport publié en septembre 2014. On y apprend qu'entre 1970 et 2010, l'indice Planète Vivante, qui mesure l'évolution de 10,380 populations, de 3,038 espèces de mammifères, oiseaux, reptiles, amphibiens et poissons, a chuté de 52%. « Les différentes formes du vivant sont à la fois la matrice des écosystèmes permettant la vie sur terre, et le baromètre de ce que nous faisons vivre à notre planète » alerte Marco Lambertini, le directeur général du fond mondial pour la nature. »

(De la revues Science et Univers no 14, page 14).

Parlant d'extinction : « Pour les organismes complexes, le temps de vie moyenne d'une espèce ne dépasse guère 4 millions d'années, en gros le point où nous en sommes aujourd'hui. »(Bill Bryson page 413).

***

Voici ce que dit, maintenant David Suzuki, dans son fabuleux livre « L'Équilibre sacré ».

« À l'évidence, Il nous faut changer de cap pour arriver à une conscience plus vive de notre connexion avec la nature, dont nous sommes inséparables. Comme le concluaient en 1990 les délégués d'un congrès de psychologie à Harvard : « Si le moi s'étend jusqu'à inclure le monde naturel, tout comportement menant à la destruction de ce monde sera éprouvé comme autodestruction ».Pour guérir notre planète et nous guérir nous-mêmes, nous devons nous défaire de ce que l'écopsychologue Sarah Conn appelle notre « individualisme pathologique ». Après tout, explique-t-elle, « nous ne vivons pas sur terre, nous vivons en elle ». « La terre est le berceau de toutes nos espèces et, à ce que nous sachions, notre seule Patrie. Nous sommes sur le point de commettre, plusieurs soutiendraient même que nous commettons déjà, ce que nous appelons parfois dans notre langue, des crimes contre la Création. » (Page 134).

***

Là, je vous rapporte une autre analogie super intéressante provenant encore de Bill Bryson, du même livre cité précédemment, à la page 405 et 406. Par la suite je vous reviendrai avec le chiffre de 5 secondes que je vous avais demandé de retenir, vous vous rappelez?

« La vie a eu tout le temps nécessaire pour développer ses ambitions. Si l'on imagine les 4,5 milliards d'années de l'histoire de la terre comprimés en une journée, la vie commence très tôt, vers 4 heures du matin, avec l'apparition des premiers organismes unicellulaires, mais elle ne bouge plus pendant les seize heures suivantes. Ce n'est pas avant 20h30, quand les 5/6ième de la journée sont déjà consumés, que la terre a quelque chose à montrer à l'Univers : un simple revêtement grouillant de microbes. Puis apparaissent les premières plantes aquatiques, suivies vingt minutes plus tard par la première méduse et l'énigmatique faune australe de l'Ediacara. À 21h04 les trilobites font leur entrée en scène suivis de près par les créatures des schistes de Burgess. Juste avant 22h00, les plantes commencent à s'épanouir à terre, suivies peu après, deux heures avant minuit, des premières créatures terrestres.

Grâce à une dizaine de minutes de douce température, à 22h24 la terre est recouverte des grandes forêts carbonifères dont les résidus, notre charbon, et l'on distingue les premiers insectes ailés. Les dinosaures s'avancent lourdement sur la scène juste avant 23 heures, et ils la tiennent pendant environ trois quarts d'heure. (Page 405-406).Bien sûr, nous savons tous que si les dinosaures n'avaient pas été rayés de la carte à une époque précise, vous pourriez avoir 10cm de long, des moustaches et une queue, et lire ce livre au fond d'un terrier. » (Page 299-300).

« Les dinosaures quittent la scène à minuit moins vingt et une et le règne des mammifères commence. L'homme émerge quelques secondes avant minuit. À cette échelle, la totalité de notre histoire connue tiendrait en quelques secondes, une vie humaine en moins d'un instant. » (Page 405-406).

***

Alors voilà, la totalité de notre histoire tiendrait en quelques secondes. Le voilà le chiffre de cinq secondes que je vous avais demandé de retenir. Pourquoi? Tout simplement pour vous faire comprendre à quel point nous (les humains) sommes tellement destructeurs, car, pour revenir à la pollution, par rapport à l'âge de notre système planétaire comprimé dans une journée de 24 heures jusqu'à nous, nous émergeons comme déjà dit, il y a à peine 5 secondes avant minuit, mais nous avons commencés beaucoup plus tard à polluer notre planète, on peut dire, peut-être il y a 2 secondes, ou moins encore. Mais replaçons-nous au temps que nous connaissons mieux et auquel on se réfère pour bien se comprendre, c'est-à-dire, un an, un siècle etc. Alors, nous disions que c'est au 19ième siècle avec l'essor de la chimie et de l'industrialisation, que la pollution a pris de l'ampleur, c'est donc dire, depuis approximativement, à peine 150 ans que nous les humains avons commencés à détruire notre habitat, cette terre nourricière, qui a pris des milliards d'années à se bâtir et des milliards d'années à nous créer nous les « humain ». **OUF !**

Ce qui fait de nous **(attention ça va faire mal)** les pires prédateurs abominables, atroces, barbares et cruels que la terre ait enfanté.

Et tout ça, au nom de quoi ou de qui ? **Au nom du profit.**

Vous savez, dans les pays riches, ayant une démocratie de liberté et d'entreprenariat, les fortes têtes en profitent goulûment, et deviennent souvent des compagnies très puissantes qui vont même réussir à faire fléchir les gouvernements en place sur certains projets ou, au contraire réussir à convaincre le gouvernement que tel ou tel projet est viable. Nous connaissons tous, toute la corruption qui peut se manifester à l'intérieur des murs du pouvoir.

- Les corporations internationales : **le profit.**
- Les grosses compagnies multinationales : **le profit.**
- Les compagnies pharmaceutiques : **le profit.**
- On décime les forêts pour le : **profit.**
- On tue les animaux pour le : **profit.**
- Les oligarques : **le profit.**

Naturellement quand je dis profit, on s'entent que c'est le profit de l'argent, bien sûr.

C'est donc l'argent qui mène le monde, au détriment de l'attention que nous devrions porter à sauver notre planète. Ce n'est pas très encourageant pour les prochaines générations. Espérons qu'il y ait un jour quelqu'un d'assez charismatique pour changer les choses. Mais, c'est malheureux à dire, souvent ces gens qui veulent vraiment changer les choses peuvent devenir un peu trop dérangeants. Ils seront alors, intimidés, menacés et même…tués. Tout ça pour le **profit**.

Pour eux, la moralité des trois mousquetaires : « Tous pour un, un pour tous », n'existe pas. Ils ne retiennent que le : « tous pour un », **UN**, étant bien sûr…eux. Ils sont très loin également du : « tout est UN », cité à quelques reprises dans ce livre, ainsi que dans le tome 1, tout est UN voulant dire que nous sommes tous interdépendants de tout ce qui vie sur terre : des microbes, bactéries, plantes, insectes, forêts, eau, air, animaux et nous, les uns des autres.

Pour eux, ces puissantes corporations, le « tout est un », le **UN**, c'est strictement…EUX.

Ce n'est pas très joyeux comme constat, mais c'est un fait que l'on ne peut nier. Mais, je ne vais quand même pas terminer ce livre sur ce constat trop négatif, alors suivez-moi, dans le chapitre 9. En premier, David Suzuki vous parlera des bienfaits de se reconnecter avec la nature, et par la suite, je vous amène à un endroit où il fait si bon y vivre.

OBSESSION 9

(David Suzuki dans son livre « l'Équilibre sacré » page 283).

« Une chose aussi simple qu'une marche dans un parc ou une pause sur la berge d'un ruisseau peuvent aider grandement à se détendre, à restaurer ses forces et à rétablir des liens avec la nature.

Ainsi par exemple, j'ai assisté à des séances de méditation pour cancéreux en phase terminale, qui avaient connu successivement des sursauts d'espoir et des abîmes de désespoir après une chimiothérapie, une radiothérapie ou une chirurgie. Tous attestaient des effets salutaires et réconfortants de la nature. Ils m'ont confié que le fait de vivre avec leur mal leur avait permis de « vivre vraiment » pour la première fois et presque tous ont mentionné l'importance « d'être dans la nature », que ce soit en marchant dans la forêt, en flânant sur la plage, en se reposant à la ferme ou à la maison de campagne. »

« *La vérité, c'est que nous n'avons jamais conquis le monde, ne l'avons jamais compris; nous nous imaginons seulement en être aux commandes. Nous ne savons même pas pourquoi nous réagissons d'une certaine manière face aux autres organismes et, de tant de façons, en avons si intimement besoin. »*

Edward O. Wilson, Biophilia

***

Tant qu'à moi, je vais depuis quelque temps à l'île St-Jean, dans le comté de Terrebonne, là où habitent ma nièce Pauline et André, son mari. C'est à peine à 15 minutes de Laval où j'habite. J'ai rarement vu un endroit où il fait si bon y vivre, et pourtant, c'est tout près des grands centres urbains.

« L'île fait seulement 1,5 kilomètre d'Est en Ouest et 700 mètres du Nord au Sud. C'est quand même la plus grande île de la rivière des Mille- Îles, la plus peuplée. Dans cette île, il y a 85 espèces en péril qui sont abrités par la rivière des Mille- Îles. Parmi ces espèces, on retrouve le chevalier cuivré, un poisson qui ne vit qu'au sud du Québec, la tortue géographique qui passe l'hiver au fond de la rivière à l'abri du gel et la carmantine d'Amérique, une plante dont 99.9% de la population canadienne se trouve le long de notre cours d'eau. 60 est le nombre d'espèces de poissons répertoriés à ce jour. On y retrouve entre autres : l'esturgeon jaune, le maskinongé, le doré jaune, le grand brochet et l'achigan à petite bouche.

260 espèces d'oiseaux ont été répertoriées dans l'environnement de la rivière. On peut y remarquer le grand héron bleu, un échassier chasseur de poissons et de

grenouilles que l'on voit beaucoup à l'Île- des Moulins, et le balbuzard pêcheur, une espèce de rapace diurne qui lorsqu'il attrape ses proies, ne peut plus les lâcher, d'où le risque de se noyer lorsqu'il se sent d'attaque pour des victimes beaucoup plus grosses que lui.

41 kilomètres est la longueur de la rivière des Mille-Îles qui compte une centaine d'îles, dont une dizaine font partie du refuge faunique du cours d'eau. Ce refuge vise à protéger la diversité faunique et floristique de ces îles. »

Ces informations ont été relevées du « journal La Revue » du mercredi 6 juillet 2016 écrit par Gilles Fontaine.

***

Oui, ma nièce Pauline habite l'autre côté de la rue, elle voit de tout près, la rivière des Mille- Îles. Une petite marche et ils arrivent (elle et André, son mari) au parc de la pointe de l'île, un endroit tout simplement paradisiaque, bucolique, plein de beaux grands arbres matures avec de gros troncs. Il y a des bancs placés un peu partout. Je pourrais vous en parler longtemps tellement c'est une place de rêve. Alors, quand je peux j'y vais me ressourcer, ça fait vraiment du bien.

Quand je dis, ma nièce Pauline, oui c'est ma nièce, mais c'est surtout une grande amie. Elle est ma confidente, ma conseillère culinaire, et elle est d'une grande générosité. Et André, son mari, il est mon conseiller en informatique et bien d'autres choses.

André et Pauline sont d'une générosité à faire pâlir tous les saints du ciel. Je les appelle mes deux anges depuis longtemps, ils sont tous les deux extrêmement importants pour moi.

Quelques réflexions sur l'amitié. Écoutez ce que disait Augustin d'Hiponne dès le 4ième siècle :

« Augustin a découvert un principe caché d'une grande importance générale, que nous pourrions appeler le « principe sans perdre » de la potentialité. Par exemple, lorsque vous partagez une pensée avec un ami, vous la laissez mais vous ne la perdez pas. Cela est dans mon cœur. Vous commencez à la posséder et je ne l'ai pas perdu. » (Page 135).

Autre réflexion :

« Une façon importante de trouver la paix de l'esprit enseignait Épicure, est dans l'établissement de lien social. »

« Parmi tout ce en quoi la sagesse contribue au bonheur dans la vie » écrit Hirschberger citant Épicure, rien n'est plus important « et joyeux que l'amitié ». (Page 219)

(Du livre « *Le potentiel infini de l'Univers quantique* » de Lothar Schäfer.)

***

Oui, je suis tellement d'accord avec cette réflexion, qu'elle m'a inspiré une pensée philosophique, à savoir que :

« D'après moi c'est dans l'amitié réelle que réside l'amour, et non l'inverse. »

***

Puisqu'on a mentionné souvent dans le tome 1 et 2, un tas de phénomènes extraordinairement miraculeux, et pour beaucoup, inexplicable. Je vous propose donc de voir comment les scientifiques d'aujourd'hui se sentent devant tant de choses inexplicables, eux qui veulent tout comprendre et tout expliquer.

L'ignorance

« Longtemps, la science s'est fondée sur ce qu'elle savait. Avec les succès que l'on sait. Oui mais, cette volonté de savoir la conduit aujourd'hui à prendre en compte sa propre ignorance.

La science a mûri. Elle connaît mieux ses outils. Et il est sans doute plus aisé aujourd'hui de distinguer ce qui relève d'une difficulté technique provisoire, dans l'attente de nouveaux concepts (la spectroscopie), et ce qui relève d'une impossibilité, scientifiquement ou logiquement démontrée : c'est-à-dire de faire la part entre ce qui nous paraît difficile de savoir et ce que nous savons que nous ne saurons jamais.

« La seule chose que je sais, c'est que je ne sais rien » professait Socrate, avec son sens coutumier du paradoxe.

Stuart Firestein répond à ce constat de l'ignorance :

« En fait, l'ignorance et non le savoir, constitue le véritable carburant de la science. »

En clair, la science n'aurait pas pour fonction d'accroître notre savoir, mais de nous révéler avec toujours plus de pertinence, à quel point notre ignorance est immense.

Toute question résolue en amenant des dizaines d'autres, faut-il désespérer ? Au contraire. Car nous savons ainsi de mieux en mieux, ce que nous ignorons. Et ça, ce n'est pas rien. Même s'il a fallu pour cela des siècles d'efforts. » (De la revue science et vie no 1186, page 68-69).

***

La Science

Oui, la science est du domaine du « probable et de l'improbable », du « peut-être » et du « c'est bien ça », de la « certitude et de l'incertitude » du « doute et du sans doute », etc.

Il faut vraiment être animé par une grande curiosité et une grande passion pour, sans relâche, continuer à œuvrer dans ce domaine. Et c'est ce qu'ils ont fait et font toujours.

Les tomes 1 et 2 de ces ouvrages, étant des livres de culture, je vais donc terminer ce chapitre 9 en vous racontant un bref historique de tous ces personnages de haut niveau intellectuel, qui ont influencé les suivants à poursuivre dans la recherche scientifique, contribuant ainsi à l'essor de la science jusqu'à ce que nous savons aujourd'hui, grâce à la divulgation de leur savoir à travers les livres, les revues et les divers médias mis à notre disposition aujourd'hui, je pense entre autres à l'internet.

Ainsi, nous sommes plus en mesure de savoir dans quel monde nous vivons, et donc de ce fait, reconnaître la toute puissance de l'Esprit créateur de l'Univers, en nous invitant à une bonne dose d'humilité, et à vénérer cette toute puissance, cet Esprit transcendant qui a tout crée.

Je rappelle ici une parole de Louis Pasteur :

« **Un peu de science nous éloigne de Dieu, beaucoup, nous y ramène** »

Je cite également une pensée de George Smoot, parlant de cette fameuse « singularité » à tout jamais impossible à comprendre, il dit :

« Est-ce donc là que s'arrête la science et que Dieu prend le relais, le Créateur de cette singularité, de cette simplicité initiale ? » (Relevé dans le livre des frères Bogdanov, cité précédemment, à la page 249).

***

Alors comme vous voyez, ce n'est pas parce qu'ils étaient des scientifiques à la recherche de la réalité de notre monde, qu'ils n'avaient pas une spiritualité, bien au contraire. Je vais d'ailleurs en reparler un peu plus loin.

Parlant d'esprit et d'intellectualisme, voici ce que dit Elkhonon Goldberg dans son livre, cité précédemment, page 312-313.

« Ceux d'entre nous dont les vies intellectuelles auront été vigoureuses et rigoureuses pendant longtemps, approcheront leurs années de vieillesse avec une solide armure mentale. Cette armure, une sorte de pilote automatique de la cognition, les servira bien pendant les dernières décennies de la vie. Cette armure, la riche collection d'attracteurs à reconnaissance de formes encrées dans le cerveau, n'est ni un droit ni un dû, et son acquisition dans la vieillesse n'est pas jouée d'avance : C'est la récompense d'une intense vie de l'esprit durant toutes les décennies précédentes. »

De ce dernier écrit, je m'adresse particulièrement aux plus jeunes. Ne lâchez jamais d'être curieux, de vous instruire avec le plus de connaissances possibles sur tout ce qui nourrit votre cerveau. N'oubliez pas que vous êtes les prochains « porte étendards » des nouvelles découvertes.

Le désir de citer tous ces grands scientifiques, relève d'une émotion d'admiration envers eux, et donc, de ce fait, je tiens d'une certaine façon à leur rendre hommage. Il est très important de ne jamais oublier où tout a commencé.

Je vais donc débuter cette nomenclature avec… Copernic.

Allez, suivez-moi.

Nicolas Copernic (1473-1543) :

À la fin du Moyen Âge, il balaye la cosmologie sclérosée de Ptolémée et déclare que la terre tourne autour du soleil, comme les autres planètes. Une révolution!

Même si l'idée contredit les écritures, Copernic la juge compatible avec sa foi. Car, dit-il, la bible n'est pas un livre de science, elle s'adresse aux ignorants.

Giordano Bruno (1548-1600) :

Adhérant à la thèse héliocentrique de Copernic, le philosophe italien pousse l'insolence scientifique nettement plus loin et affirme au prix de sa vie, l'infinité de l'Univers. Bruno est hérétique, mais extraordinairement croyant :« Dieu n'a pas pu se limiter à créer une seule terre et un seul soleil. L'Univers est infini et Dieu est infiniment présent en tout. »

Johannes Kepler (1571-1630) :

Figure majeure de l'astronomie de la Renaissance, il montre que le mouvement des planètes n'est pas circulaire et uniforme, mais elliptique, via des lois mathématiques. Kepler se sent élu, appelé par Dieu. Appelé… à faire de la science pour rendre hommage au Créateur, célébrer la beauté et la perfection de l'œuvre divine qu'est l'Univers.

Galileo Galilei (1564-1642) :

Propagandiste acharné du système de Copernic, il contribue à opérer la mathématisation de la physique et insiste sur l'importance de l'observation et de l'expérience.

Pour lui, fini le mélange des genres : si profonde est sa foi, Galilée estime que le discours scientifique doit acquérir une autonomie par rapport au discours théologique. Les textes saints, pense-t-il, rapportent aux hommes les paroles divines et concernent le salut de l'âme. La nature, quant à elle révèle les actes de Dieu.

René Descartes (1596-1650) :

Préférant la raison au dogme établi, il rompt avec la science médiévale et laisse un héritage scientifique important en algèbre, en géométrie analytique et en optique. La science de Descartes ne s'intéresse qu'au « comment? ». Comment les phénomènes se produisent dans le royaume de Dieu. Seule la religion répond au « Pourquoi? ».

Blaise Pascal (1623-1662) :

L'auteur des « pensées » est l'un des fondateurs de la géométrie projective et de la théorie des probabilités, ainsi que l'inventeur, à 19 ans de la machine à calculer mécanique. Même si l'idée le plonge dans l'angoisse, Pascal pense qu'on ne peut pas tout connaître, que l'esprit humain doit admettre l'incompréhensible face à la perfection de Dieu.

Isaac Newton (1643-1727) :

Inventeur de la théorie de la gravitation universelle, auteur d'études sur le calcul différentiel et la lumière, il est l'un des pères de la science moderne. Son nom est absent de la théorie de la gravitation, mais Dieu est très présent dans l'esprit de Newton : « il ne s'est pas contenté de créer le monde, il l'anime en permanence. »

Charles Darwin (1809-1892) :

En postulant la descendance avec modification et le rôle essentiel de la sélection naturelle dans l'adaptation des formes vivantes, il a révolutionné l'histoire de la vie. L'athéisme a gagné Darwin avec l'âge. Mais sa foi fut sans doute plus ébranlée par des considérations philosophiques et personnelles que par sa théorie de l'évolution.

Cela étant dit, je me sens obligé, en toute honnêteté, de vous citer un commentaire pas très élogieux concernant Darwin, relevé dans la revue « Cerveau, Science et Conscience no 9, à la page 57 et 58. C'est important de le souligner.

« Les théories darwiniennes ont eu des effets désastreux au cours de l'histoire. Les auteurs darwiniens de la fin du 19ième siècle et début du 20ième siècle ont ainsi défini un concept de « bien de la race » qui ouvrait grandes ouvertes les portes aux politiques racistes et eugénistes des nazis! L'hypothèse de Darwin qui ne faisait que refléter l'esprit de son époque a eu un impact catastrophique sur le destin de l'humanité. En effet, « si le monde n'est qu'une arène pour les buts de gènes égoïstes (proclamé par Richard Dawkins, encore de nos jours) en lutte pour l'annihilation d'espèces, alors les crimes caractéristiques de notre époque, les innombrables guerres, la destruction de l'environnement, l'adoration de la violence et de la brutalité, les manipulations du public, les violences faites aux femmes et l'exploitation du travail, sont tous justifiés en une seule fois comme un moyen légitime de lutte pour la survie. Dans un tel monde, le système économique actuel dans lequel l'avidité du plus apte peut ruiner le reste de l'humanité, est également une suite naturelle. »

Mais à la défense de Darwin, bien évidemment, il ne pouvait jamais prévoir à ce moment là, que ces idées étaient pour être captées par la politique pour réaliser leur ignoble projet. Darwin n'a fait que suivre sa passion.

Louis Pasteur (1805-1882) :

Ses travaux autour de la fermentation, l'existence de microbes, les maladies animales ou encore les vaccins, ont permis de comprendre certains fonctionnements du vivant. Un fait expérimental doit être indépendant de toute opinion théologique. S'il croît en Dieu, qu'il assimile à l'infini, Pasteur établit une démarcation radicale entre science et religion.

(C'est quand même lui qui a formulé la belle pensée que je vous ai cité précédemment).

Albert Einstein (1879-1955) :

En signant l'acte de naissance des photons, en prouvant définitivement la réalité des atomes et en découvrant la relativité, il a changé le regard des physiciens sur le monde. Les lois de l'Univers auxquelles la science nous donne accès, produisent chez Einstein une forme de sentiment religieux, mais qui est bien différent, selon lui, de la religiosité des naïfs.

(Tous ces relevés des scientifiques cités, (sauf le commentaire sur Darwin) proviennent de la revue hors série de Science et Vie, no 265, de la page 81 à 99).

***

Vous avez sûrement remarqué qu'à chaque scientifique de cette époque, il est fait mention de leur croyance respective en Dieu. C'est qu'en ces temps reculés, il y avait une forte pression de la toute puissante Église Romaine qui combattait les idées révolutionnaires de ces scientifiques qui allaient contre leurs idées de la création. Pourtant, ces scientifiques étaient profondément spirituels, ce qui est très différent de la religiosité. On peut dire que ces scientifiques se sont vraiment servis de leur libre arbitre, car, ils ont été totalement contre la mouvance et la pression de l'Église, au risque d'être torturés ou même lapidés, étant jugés hérétiques.

***

Puisque le dernier scientifique cité, est Einstein, voyons maintenant ces savants qui ont inspiré Einstein :

Galilée, Newton et,

Reiman (1826-1866). Il est l'auteur d'une nouvelle géométrie. Ce mathématicien allemand a jeté les bases géométriques de la relativité.

Maxwell (1831-1879) : Ce physicien écossais est le père de l'électromagnétisme.

Mach (1838-1916) : Le philosophe et physicien autrichien a élaboré une théorie intégrant la distribution de la matière dans l'Univers.

Lorents (1853-1928) : Le physicien néerlandais a conçu une théorie électronique de la matière.

Poincaré (1854-1912) : Co-inventeur (découvreur) de la relativité restreinte. Le mathématicien a conçu ses propres équations de la relativité restreinte. (Relevé dans la revue hors série de science et vie no 273 de la page 33 à 40, écrit par Roman Ikonikoff).

Maintenant, ceux qu'Einstein a inspirés.

Alors qu'Einstein prépare la relativité générale, d'autres savants mathématiciens et physiciens, s'inspirent déjà de ses travaux, Certains proposant des solutions aux problèmes posés par la formulation de la théorie, d'autres en déduisant de nouveaux modèles.

Minkowski (1864-1909) :

Il a conçu pour la relativité, un continuum espace-temps. Le mathématicien allemand propose un cadre géométrique à quatre dimensions pour la relativité restreinte.

Hillbert (1862-1943) :

Il a traduit la courbure de l'espace-temps en équation. Le mathématicien allemand donne cinq jours avant Einstein, l'équation de la relativité générale.

Schwarzschild (1873-1916) :

Il a proposé le premier modèle d'Univers dérivé de la relativité. L'astrophysicien allemand propose la première modélisation géométrique de la relativité générale.

Friedmann (1888-1925) :

Il a déduit des équations d'Einstein un Univers en évolution. Pour le mathématicien russe, les équations de la relativité générale décrivent un univers dynamique.

Lemaître (1894-1966) :

Il a imaginé la naissance de l'Univers. Le chanoine catholique belge, astronome et physicien, est le père de la théorie du Big Bang.

(De la revue hors série de science et vie no 273 de la page 68 à 73, par Roman Ikonicoff)

***

En voici d'autres maintenant en rafale.

(Du livre de Bill Bryson, « une Histoire de tout, ou presque).

« Né en 1743, **Antoine Laurent Lavoisier** apporta à la chimie la rigueur et la clarté qui lui manquaient. » (Page 126).

« **Kelvin**, le génie, (1824-1907), a mit au point l'échelle de température absolue qui porte encore son nom. » (Page101)

« L'année 1895 fut une période particulièrement riche en événements scientifiques.

Cette année là, **Wilhelm Roentgen** découvrit les rayons x. l'année suivante, **Henri Becquerel** découvrit la radio activité. En 1897, **J.J.Thomson** et ses collègues allaient y découvrir l'électron. **Ernest Rutherford** qui a reçu un prix Nobel en 1908 pour des recherches sur la désintégration des éléments et la chimie des substances radioactives, par la suite il allait accomplir son grand œuvre en déterminant la structure et la matière de l'atome. En 1911, **C.T.R.Wilson** allait y inventer le premier détecteur de particules et en 1932, **James Chadwick** y découvrit le neutron. C'est là encore que **James Watson** et **Francis Crick** devaient découvrir la structure de l'ADN en 1953. » (Page 172).

***

(Du livre des frères Bogdanov, « Dieu et la science » page 169).

L'année 1927 fut également l'une des plus importantes dans l'histoire de la pensée contemporaine. C'est l'année où **Heisenberg** expose son principe d'incertitude, où le chanoine **Lemaître** exprime sa théorie du champ unitaire et c'est l'année du congrès de Copenhague, qui marque la fondation officielle de la théorie quantique. »

***

On peut penser également à **Bohr** (Physique quantique), à **Hubble** qui découvre que l'univers est en expansion, aussi à **Gödel** (Théorie de l'indécidable), et **Pierre et Marie Curie** tous les deux, physiciens.

Oui, c'est grâce à tous ces grands scientifiques que nous devons la richesse accumulée de toutes ces connaissances par transmission de leur savoir.

Et il y en a plein d'autres.

***

Bon, depuis le tout début du tome 1 et 2 que je me retiens pour ne pas parler d'un sujet particulier, mais là, je n'en peux plus. Je vous en parle.

OBSESSION 10

Je n'en peux plus

Ce sujet du « je n'en peux plus » va traiter de l'Église catholique romaine. Je tiens à vous aviser que si vous êtes toujours croyant en cette Église, alors je vous suggère fortement de ne pas lire ce qui va suivre.

Beaucoup des propos qui seront narrés proviennent d'Albert Jacquard, de son livre « Dieu » mais principalement de Paul C. Bruno de son fabuleux livre « Débaptisez-moi pour l'amour de Dieu ».Son livre contient près de 700 pages, je l'ai dévoré tellement il répondait à ma désapprobation de cette Église, je dirais même à ma « rage » contre elle… à cause de tellement de mensonges, de tromperies, d'hypocrisie et de manipulations des peuples afin de servir ses ambitions de pouvoir.

« Un écrivain tellement prudent qu'il n'écrit jamais rien de critiquable, n'écrira rien de lisible. Si vous voulez aider les autres, décidez-vous à écrire des choses que certains condamneront. »

Thomas Merton
Nouvelles Semences de contemplation

Je vais donc commencer par :

La Sainte Trinité :

« La notion de Trinité n'existait pas au temps de Jésus, a à peine été effleurée dans les écrits de Paul, mais surtout n'a été édictée qu'au 4ième siècle. Nous nous trouvons ici devant un des ajouts les plus patents de l'évangile. Car comment un dogme défini et consigné 400 ans plus tard, peut-il se retrouver dans un évangile s'il ne s'agit d'un ajout postérieur. Jésus n'a jamais parlé de Trinité, n'a jamais prononcé ce mot. Tout est invention postérieure à Jésus. » (Bruno page 253).

Cette notion de Sainte Trinité est tellement loufoque, ça prenait réellement une imagination débordante, (digne des films de science-fiction, crées de nos jours), pour inventer une telle sottise.

Dieu le Père, le Fils et le **Saint-Esprit.**

En écrivant ce qui précède, je ne peux m'empêcher de rire tellement c'est enfantin. Regardez bien.

« La « carrière » du **Saint-Esprit** débuta par une tâche on ne peut plus matérielle, selon la description de Guillemin, « la plus charnelle des opérations : une insémination si habilement conduite que la jeune fille fécondée gardera sans accro, une virginité intangible. » De toute évidence, seul le Saint-Esprit pouvait réussir pareil exploit, un coup d'éclat qui le destinait sûrement à une brillante carrière! Assez curieusement, ce même Esprit Saint s'était en quelque sorte exercé en inséminant « providentiellement » Élizabeth, cousine de la Vierge Marie, femme âgée, postménoposée et stérile (L.C 1 41).

Conclusion selon Jean : avant la glorification de Jésus, le Saint-Esprit n'existe pas encore. Mais alors, qui insémina Marie et Élizabeth ? »

(Bruno page 254).

« Cette histoire rocambolesque rappelle celle de l'égyptien Osiris : Osiris était la deuxième personne d'une divinité trinitaire : Isis, Osiris et Horus. Mais c'est Athanase, évêque d'Alexandrie, qui donna au modèle de la Trinité chrétienne sa forme définitive : le Père, le Fils et le Saint-Esprit. Et il fallut attendre plus de 200 ans avant que Constantin impose ce concept. »

(Bruno page 255).

N'essayez pas de comprendre cette Sainte-Trinité édictée par l'Église, c'est de la pure fabulation qui relève des contes de fées.

« D'ailleurs, semble-t-il, Jésus lui-même n'a jamais enseigné la doctrine de la Trinité, ni qu'il était fils unique de Dieu envoyé sur terre pour racheter par sa mort les péchés de l'humanité, et encore moins, Jésus ne se donne jamais le titre de Dieu, ne parle pas de l'incarnation, ni ne se tient pour le Créateur. Jésus se dit « Fils de l'homme », comme tous les autres hommes, car il est dit que Dieu créa l'homme à son image. Et que répond Jésus au diable qui le tente dans le désert (Mt 4 10) :

« C'est le Seigneur ton Dieu que tu adoreras, et à Lui seul tu rendras un culte. » Belle preuve que Jésus est innocent de toute prétention à la Divinité.

Ce qui fait dire à certains : Jésus ne fut pas chrétien au sens décrété par l'Église et ses conciles. » (Bruno 259-260).

À ce titre, j'admire Jésus, non pas en tant que fils unique de Dieu comme le proclame l'Église dans ses bifurcations, mais bien plutôt comme un homme semblable à tous les autres hommes (Il le dit d'ailleurs lui-même), autant que je peux admirer des hommes et femmes comme Martin Luther King, Gandhi, le Dalaï-lama, Lucille Teasdale et beaucoup d'autres qui ont œuvrés à améliorer le sort de leurs semblables.

***

Le péché originel

Encore là : « Jamais Jésus ne parla du péché originel, ni de sa mission salvatrice, encore moins des enfants souillés par le péché, ni de sa mort ou de sa résurrection pour sauver le monde du péché. Cette immense supercherie n'est pas le fait de Jésus de Nazareth, mais bien de Paul de Tarse. » (Bruno page 271).

***

Cela me rappelle encore un événement de ma jeunesse. Je devais avoir une dizaine d'années, c'est dire 1955 à peu près. En ce temps là, le curé faisait annuellement sa visite paroissiale au domicile de ses «brebis». Un jour qu'il vint visiter la famille Joly, le curé me demanda : « C'est quoi pour toi un péché?». Je lui répondis : « C'est un éléphant avec une tête de cheval». Il ne m'adressa plus la parole.

Pour moi, le vrai péché, c'était d'aller contre la nature, contre le naturel.

J'avais déjà je crois, à cet âge, une graine de philosophe.

***

Fabulation totale

« Nous entrons ici dans la fabulation la plus totale, les croyances personnelles de chaque évangéliste donnant lieu à une étonnante créativité et à de nombreuses contradictions. Comme dans tout bon scénario, il faut que Jésus prononce des paroles solennelles avant d'expirer, et la mise en scène se doit d'être particulièrement soignée. Alors Mathieu (27 45), Marc (15 33) et Luc (23 44) informent le lecteur que l'obscurité s'est abattue sur « toute la terre »». Par contre, Jean, le témoin direct, ne parle pas de cette obscurité subite et prolongée. Luc dit : « le soleil s'éclipsant », mais les astronomes modernes ne signalent aucune éclipse de soleil à cette période de l'année au dessus de la Palestine; à l'époque de la crucifixion, ni au cours des trois années précédents celle-ci, ni dans les trois années suivantes. » (Bruno page 175).

Contradictions de l'Église

« Jésus n'a pas parlé de tout ce dont parlent les Églises et il n'a pas dit par exemple, qu'il n'avait pas été engendré par Joseph ou que Marie, sa mère, aurait été conçu de manière immaculée. Jésus n'a pas dit que sa mère était « la mère de Dieu »; il s'est contenté de parler de sa mère Marie.

Jésus n'a pas davantage enseigné ni demandé de fonder une prétendue Église catholique ou « chrétienne ». Jésus a sans cesse parlé du temple qu'est l'homme et qu'habite Dieu et il nous a dit d'aller au plus profond de notre cœur pour dialoguer avec Dieu, notre « Père » éternel. Non seulement l'Église n'a pas éveillé, ni maintenu vivante, ni encouragé cette communication directe avec Dieu, mais elle l'a interrompue, coupée systématiquement.

Jésus a dit : « L'Esprit vous enseignera toutes choses » mais l'Église ne croit vraiment pas à cela. Elle croit que c'est elle qui doit enseigner, elle qui sait tout, elle qui détient la vérité, qui est la vérité. L'Église s'est carrément substituée à Jésus. » (Bruno, page 223).

Pour revenir à la résurrection : « c'est Paul qui a fait de la résurrection le dogme central de la religion qu'il a fondée, comme on peut lire en 1 Cor 15 14 : « Et si le Christ n'est pas ressuscité, notre prédication est donc vaine et vide, n'a plus aucun fondement, aucune assise. » (Bruno, page 143-144-286).

L'Église, elle, répond à cette affirmation :

« Notre foi n'est pas vaine car nos traditions, nos écritures nous ont été « révélées »; or, si notre foi n'est pas vaine, le Christ est donc ressuscité. Et cela suffirait pour excommunier les incroyants et même les envoyer au bûcher » (Bruno, page 286).

***

Dieu le Père

« Quelle étrange idée, après avoir introduit Dieu comme échappant aux catégories de notre univers concret et de Le présenter comme équivalent à l'un des acteurs du processus de la procréation! » (Jacquard, :« Dieu » page 51).

« La réalité est tout autre. Nous savons maintenant (à vrai dire depuis peu de temps, un siècle et demi) que la procréation implique deux individus dont les rôles, du moins à l'instant de la procréation, sont rigoureusement symétriques. Le père n'a nullement une importance supérieure : il est tout comme la mère, incapable de procréer seul. Il y aurait donc d'aussi bonnes(ou plutôt d'aussi mauvaises) raisons de dire « Dieu la Mère » pour ressentir ces mots comme scandaleux, comme blasphématoires. Comment attribuer à Dieu le sexe féminin? Mais le scandale est identique, le blasphème aussi grave, lorsque nous lui attribuons le sexe masculin.

(Jacquard : « Dieu » page 51-52-53).

De toute façon, personne n'a jamais vu Dieu et ne le verra jamais, alors c'est une effronterie et une insulte faite à Dieu, et également une insulte à l'intelligence humaine.

« L'assimilation de Dieu à un père ne serait qu'un non sens si l'on s'en tenait à la signification du mot, mais le résultat dans nos esprits est un véritable contresens, car elle suggère l'assimilation d'un père à un Dieu. Les religions qui utilisent cette présentation de Dieu sous-entendent que le père de famille jouit d'une autorité de nature quasi divine. C'est toute la structure sociale qui s'en trouve orientée : en attribuant implicitement un sexe masculin à Dieu, elles créent une dissymétrie fondamentale au profit du mâle. L'Église romaine a tiré de cette vision des conséquences extrêmes en exigeant le célibat des prêtres et en interdisant aux femmes les fonctions ecclésiales les plus prestigieuses. » (Jacquard : « Dieu » page 55).

***

Et l'influence de ce concept instauré par l'Église, qui faisait penser aux hommes qu'ils étaient supérieurs aux femmes, a eu des répercussions, (vous n'en reviendrez pas) jusqu'au 19ième et même 20ième siècle de notre ère. Écoutez bien ça :

« Cent quatre-vingt-un grammes, l'écart entre les cerveaux masculin (1325 grammes) et féminin (1144 grammes), cette petite masse de différence reflétait, pour certains scientifiques du 19ième siècle, toute la supériorité intellectuelle de l'homme sur la femme, particulièrement selon les savants calculs du grand neuroanatomiste Paul Broca. »

Il ajouta : « Il ne faut pas perdre de vue que la femme est en moyenne un peu moins intelligente que l'homme », faisait-il remarquer en 1861 dans son ouvrage « Sur le volume et la forme du cerveau, suivant les individus et suivant les races ». « Il est donc permis de supposer que la petitesse relative du cerveau de la femme dépend à la fois de son infériorité physique et de son infériorité intellectuelle. » L'argument du poids du cerveau servait donc clairement à justifier la hiérarchie sociale entre les sexes. »

(De la revue hors série de Science et vie no258, page 54).

« Bien sûr, nous savons que la démonstration de Paul Broca ne tiens pas la route. La preuve : le cerveau d'Anatole France ne pèse que 1 kilo, quand celui d'Yvan Tourgueniev atteint le double! Quant à Einstein, il se situe en dessous de la moyenne avec un cerveau de seulement 1215 grammes. »

(De la même revue, page 55).

La remarque suivante est aussi révélatrice, sinon plus, de cette mauvaise influence de l'idée folle de l'Église, d'avoir inventé ce concept de « Dieu le Père ».Cette remarque que je m'apprête à vous citer ne datte de vraiment pas longtemps, en fait, précisément, un an avant que je naisse.

« Selon l'ordonnance d'Alger du 22 avril 1944, article 21 :

« Les femmes sont électrices et éligibles dans les mêmes conditions que les hommes. » Certains commentateurs ont alors fait remarquer que l'absence des hommes prisonniers risquait de rendre aventureux le vote des épouses privées de leur « éducateur naturel. » (Du livre de Albert Jacquard « A toi qui n'est pas encore né (e), page 111).

Ahurissant n'est-ce-pas !

De ce même fait, il a pris du temps avant que les femmes puissent avoir accès à des postes de direction dans quelconque entreprise corporative ou gouvernementale. Heureusement (du moins dans les pays évolués), ces temps là sont révolus.

Bon, revenons maintenant à…

La Sainte Église catholique !

« Il faut une certaine dose d'inconscience (j'ajouterais, d'arrogance) à l'Église catholique pour oser se qualifier de « Sainte » dans la même phrase où cet adjectif est utilisé pour caractériser le Saint-Esprit (dans le Crédo). » (Albert Jacquard « *Dieu* », page 94).

« Toutes ces belles phrases du Crédo dit « de Nicée-Constantinople », celui qui a été adopté par les deux conciles œcuméniques en 325 et en 381. »

« Tout ce texte du Crédo est rédigé dans l'intention tordue de manipuler le cerveau du peuple pour qu'il croit à la toute puissance de l'Église. Quand le pouvoir devient chrétien, ce n'est pas le pouvoir qui se christianise, c'est le christianisme qui prend tous les plis du pouvoir » (Jacquard « Dieu », page 124).

« Oui, ce sont des paroles prêtes à l'emploi, prêtes surtout à camoufler, par des phrases dépourvues de sens, le vide de notre pensée. Ces formules cent fois répétées se substituent à la dynamique de l'intelligence et endort la pensée. Elles se crispent ainsi jusqu'à la déraison.

Comment le chrétien pourrait-il à la fois remercier Dieu de nous avoir dotés de cet outil fabuleux qu'est la pensée logique, l'intelligence, et admettre que nous devons en abandonner l'usage du moment même où nous nous efforçons de nous approcher de Dieu. » (Albert Jacquard « Dieu », page 111).

***

De ce fait, (exactement comme le font, aujourd'hui-même les islamistes radicaux qui veulent soumettrent le monde entier sous leur joug, sous l'Église catholique, ce sont deux millénaires de haine, de guerres, de schismes, de disputes, de dissensions et de meurtres. » (Bruno, page 480).

« Encore aujourd'hui. Le catholicisme moderne demeure en guerre contre la majorité de l'humanité, contre les femmes, contre les homosexuels, contre ses propres prêtres « asexués », contre l'être humain lui-même. » (Bruno, page 481).

En effet, « l'Église refuse à l'être humain un cheminement libre, qui ne soit pas constamment régi par les valeurs religieuses du Vatican (personnellement je l'appelle le « faticant ». Elle prône une morale fondée sur un idéal théorique au lieu d'une démarche de croissance permettant de faire confiance à l'être humain, de l'encourager à cheminer par lui-même, à faire ses propres expériences, à développer sa propre appréciation des événements, à construire lui-même sa pensée, sa maturité, sa spiritualité. Elle croit qu'elle seule peut déterminer le chemin à suivre, elle n'aide pas à grandir mais à obéir, se déclarant la seule vraie grande religion parfaite, infaillible, éternelle, l'unique voie à suivre. » (Bruno, page 576).

« On peut convaincre par la force de la vérité, on ne doit pas imposer la vérité par la force. « Il n'est pas de vérité authentique qui ait besoin de violence pour l'affirmer. » Cette belle parole qui semble provenir tout droit des évangiles et de Jésus, est en fait tirée d'un livre sur le bouddhisme moderne, lequel enseigne et pratique de tout temps la non violence, la compassion et le respect de tout être vivant, de la simple fourmi au sommet de la création, l'être humain. » (Bruno, page 466).

« Selon le *Dico des religions*, Le bouddhisme est apparu en Inde aux 4ième et 5ième siècle avant Jésus-Christ et s'inspire de l'enseignement de Bouddha. Siddhârtha Gautama de son vrai nom, celui-ci était fils d'un prince. Après avoir découvert la pauvreté et la mort, il décida de consacrer sa vie à percer le mystère de la souffrance humaine.

Pas de péché originel dans cette religion. Le bouddhisme ne contient aucun impératif catégorique, aucune contrainte de pensée ou d'action, laisse totalement libre de penser. La rancune, le ressentiment, l'antipathie, l'agressivité, la guerre sont à proscrire, comme tout ce qui engendre la souffrance. On est loin du catholicisme évangélisateur. Uniquement un objectif de sérénité, de calme, de douceur et de tolérance à l'égard de tous les êtres vivants. » (Bruno, page 666-667).

« Bien sûr, il faut quand même noter que dans le catholicisme, il y eut tout au long de ses 2,000 années, des êtres absolument extraordinaires, des esprits divinement inspirés, des hommes et femmes sages, d'une probité exemplaire, faisant preuve d'un grand esprit de sacrifice au service des autres, parfois au péril de leur vie. Pensez (entre autres) au travail admirable de ces religieux et religieuses au sein de certaines maisons d'éducation ou de soin de santé, d'hospices ou d'orphelinats.

Mais, il ne faut pas confondre l'inspiration divine qui peut animer tout être humain à l'écoute de sa source intérieur avec les velléités de ces dirigeants religieux pressés de convertir, de contrôler, de diriger et de soumettre tous les humains de la terre. Mozart n'est pas génial parce qu'il a composé des messes, mais parce que toute sa musique est divine, nonobstant la religion pratiquée. » (Bruno, page 464).

***

« L'une des origines possible du mot « religion » est le latin *religare*. Le terme devrait donc en principe signifier « ce qui relie », ce qui unit les hommes à Dieu, et aussi entre eux, étant donné leur base commune, soit l'amour infini de Dieu envers les humains. Mais l'Église catholique c'est tout à fait le contraire avec tous ces dogmes a n'en plus finir. » (Bruno, page 175).

« *Plus on est ignorant, plus on est dogmatique.* »
Sir William Osler

Voici ce que dit le dictionnaire Robert à propos du mot « dogme » :

Point fondamental et considéré comme incontestable d'une doctrine religieuse ou philosophique. Qui exprime une opinion de manière catégorique, péremptoire et autoritaire. Le dogmatisme est synonyme d'intransigeance, d'autoritarisme, d'étroitesse d'esprit et de raideur.

De ce fait, j'adhère complètement au texte de Paul C. Bruno que je m'apprête à vous livrer.

« Heureux celui qui croit sans voir. » Je préfère crier tout haut :

« Heureux celui qui croit après avoir vu, après avoir lu, comparé, remis en question, cherché, trouvé, essayé, vécu dans son cœur et sa chair, même si ce qu'il croit est différent du dogme et que cela dérange. » Le grand sage Krishnamurti a déjà dit : « Je ne veux appartenir à aucune organisation religieuse. Une organisation devient une béquille, un lien qui paralyse l'individu, qui l'empêche de grandir, d'être lui-même, c'est-à-dire de découvrir pour lui-même la vérité, sa vérité. » (Bruno, page 28-29).

Heureusement au Québec, on s'en est débarrassé.

OBSESSION 10

« Au Québec, province très majoritairement religieuse il y a à peine 30 ans, c'est-à-dire vers les années 1973. Mais en 1999, (donc environ 16 ans plus tard) 5% seulement de la population se disait très pratiquante, contre 12% peu pratiquante et 80 % non pratiquante. (Nous sommes devenus une province laïque et l'Église n'a plus aucun pouvoir décisionnel).

Et ce n'est pas qu'au Québec, c'est partout sur la planète.

« Non seulement les églises se vident de leurs fidèles et le niveau de pratique religieuse est tombé à un niveau frôlant les 5% des baptisés, mais le catholicisme se vide de son clergé, de ses prêtres, de ses évêques, et ce, à une vitesse vertigineuse. Le refus du mariage des prêtres, l'obligation du célibat et de chasteté, l'interdiction du sacerdoce des femmes et certaines autres positions intenables de l'Église sur le divorce, l'homosexualité et la contraception sont autant d'éléments qui minent le clergé par l'intérieur.

Dans le monde, le nombre de prêtre a chuté de 433,000 en 1973 à 404,000 en 1997. La cause première de cette défection serait le célibat obligatoire, qui vide les presbytères, soit 4,000 prêtres en Allemagne, 200 en Suisse, 1,000 en Espagne, 8,000 en Italie, 4,000 au Brésil, 17,000 aux États-Unis et 8,000 en France. Le célibat imposé à ces prêtres est la cause directe de leur recherche d'une sexualité dépravée et souvent contraire à la nature. »(Bruno, page561-562).

CONCLUSION

Bon, écoutez, il y a tellement à dire de cette foutue Église catholique romaine aux actions pour le moins abracadabrantesques, je vais donc emprunter la même conclusion de Paul C. Bruno, elle est très explicite de ma pensée.

« Que peut-on demander à une religion qui perd toute crédibilité dès que quelqu'un ose se poser des questions ? L'Église est en chute libre depuis plusieurs années; les sources écrites de cette religion sont constamment soumises à examen et ne résiste à aucune étude historique ou comparative sérieuse. » (Bruno, page 686)… De ce fait, comment se fait-il que Bouddha, 500 ans avant Jésus-Christ, ait laissé des milliers de pages de textes, des milliers de commentaires écrits de son vivant, et que des milliers d'anecdotes aient été fournies par de nombreux auteurs différents, ne se contredisant pas constamment ? (Contrairement aux divers évangiles du christianisme). » (Bruno, page 100).

Continuons la conclusion de Bruno :

« Les évangiles relatant la jeunesse de Jésus et sa vie publique sont truffés de contradictions et d'ajouts faits plusieurs siècles après. Les mystères de sa mort et de sa résurrection s'estompent de plus en plus sous les traits de l'allégorie et des analogies mythologiques. Le grand message initial a été enseveli sous une montagne de dogmes et de dévotions sans fin, y compris une mariologie dont la sottise n'a d'égale que cette communion des saints dispensatrice d'indulgences et de reliques, véritable affront à l'intelligence humaine. Le message initial d'amour infini est devenu sectaire, source de division et cause directe de schismes, de guerres et de crimes innombrables, un totalitarisme menant aux inquisitions et aux croisades.

L'Église est complètement décrochée de la réalité moderne; un clergé défaillant et désabusé quitte le bateau plus rapidement qu'on ne recrute de nouveaux matelots. Bref, une religion déconnectée des réalités humaines, en ce début de 3ème millénaire, voilà ce qui reste du catholicisme. Alors je dis…NON MERCI. » (Bruno, page 686-687).

Tant qu'à moi, j'ai toujours mon certificat de baptême, mais à mes yeux, il n'a aucune valeur. Tout d'abord, ce n'est pas moi qui en a fait la demande, en ces temps « préhistoriques » (1945), le Québec était encore sous l'emprise de cette folie religieuse du catholicisme, et donc, il était normal pour les parents d'inscrire leurs enfants au registre baptismal de leur paroisse. Je n'ai aucune signature sur ce papier lui donnant mon consentement. De toute façon, j'ai toujours mené ma vie en fonction de ma propre moralité forgée par mes expériences et mes intuitions, sans aucune influence de cette religion tellement sotte. N'est-ce pas ça le libre arbitre?

On peut également dire, indépendant d'esprit ou libre penseur.

Mais j'avoue que d'écrire sur ce sujet m'a procuré une grande satisfaction. Écrire, est une façon d'extirper de

Conclusion

notre tête tout ce qui peut l'encombrer. Vous ressentez alors un apaisement moral très libérateur qui s'avère très bénéfique pour la santé mentale.

Bon eh bien c'est maintenant le temps de terminer ce tome deux de l'obsession du temps, et le sous-titre du dernier texte est…

Pour en finir avec le temps

Au moment où j'écris ces lignes, nous sommes le 10 septembre 2016, et le mois de janvier qui approche à grand pas, nous entamerons l'année 2017.

2017 après Jésus-Christ, encore ce Jésus!

Deux milles dix-sept, mais qui a décidé de cette datation? « Hé bien, il semblerait que c'est un certain Denys le Petit, moine scythe, mort à Rome en 540 qui propose de rattacher le calendrier à la vie du Christ, ce qui n'était pas le cas jusqu'alors. On comptait conformément à l'usage romain, c'est-à-dire à partir de la fondation de Rome en -753. Et c'est à partir du premier janvier de l'an 1, jour de la circoncision du Christ, né 7 jours avant, selon Denys, que l'Église catholique a donc décidé en l'an 532 de compter les années de notre ère chrétienne après la circoncision du Christ et non après sa naissance. » (Wiki, l'encyclopédie libre).

C'est ce qu'on appelle le calendrier grégorien. Avant c'était le calendrier Julien. Mais le calendrier grégorien ne fut pas adopté en même temps dans tous les pays, ce qui entraîna une certaine confusion. Ça se comprend bien.

Maintenant, imaginez un seul instant que ce calendrier grégorien n'existe plus ! Comment compterions-nous le temps qui se divise en années, en siècles, en milliers d'années etc. Si l'on débute à partir de la création de l'Univers, il y a approximativement 15 milliards d'années, il faudrait dire : nous sommes en l'an quinze milliards… quinze milliards quoi ? La même chose pour le début de la création de notre système planétaire, il y a approximativement 4,55 à 4,56 milliards d'années, disons, 4,55 milliards d'années, nous dirions, nous sommes en l'an 4,55 milliards… 4,55 milliards quoi ? Car pour dire le chiffre 16 après 2000, donc 2016, ça prend un début, et ce début est le chiffre de l'an 1. Donc, comme on ne pourra jamais savoir précisément le chiffre 1 du début de l'Univers, du début de la création de notre système planétaire, pas plus que nous ne saurons jamais le véritable début, à savoir quand on peut dire que l'homo sapiens apparu il y a approximativement 200 millions d'années, est devenu…homme. Tout ça se sont des approximations. Alors impossible d'aller dans cette direction pour la datation.

Donc, le calendrier grégorien…c'est « ben » correct

Je termine ce livre avec ces beaux vers de Sir Edward Dyer (1543-1607) :

« *Mon esprit m'est comme un royaume,*

J'y puise à tout moment telles joies

Qu'il surpasse toute source de bonheur,

Que la terre offre et soutient, »

Conclusion

Aujourd'hui comme jadis, ceux qui s'autorise la joie de telles activités, renforcent leur esprit et le protège du déclin.

Je vous souhaite donc, une vie emplie de belles amitiés, de belles rencontres et de lectures enrichissantes. Tout cela vous amène à coup sûr, la joie, la paix et la sérénité.

Merci d'avoir choisi ce livre
Et de l'avoir lu avec, je l'espère
Beaucoup d'intérêt, de satisfaction
Et de bonheur

Bernard Joly

ÉPILOGUE

Pourquoi un tome 2 ?

Lorsque le tome 1 fut terminé, je me suis retrouvé comme dans un grand vide, comme esseulé. Car lorsqu'on écrit ce genre de livre, cela représente beaucoup de travail de recherche, de lecture et de relecture, de compilation des textes clés que l'on privilégie à d'autres, et ensuite, il faut faire un tri de ces textes jugés soit répétitifs ou contradictoires à l'idée de l'intention narrative de l'auteur, ou encore qui pourrait amener une certaine confusion dans l'esprit du lecteur.

Oui, c'est un travail laborieux, mais tellement excitant, passionnant et gratifiant. D'ailleurs, j'en parle dans un texte précédent sous le sous- titre « Les écrivains ». Quand tu écris, tu as besoin de solitude pour être bien concentré sur ce travail méticuleux, mais tu n'es pas vraiment seul, ton esprit est entouré de tous ces personnages illustres que sont tous ces grands scientifiques de toute catégorie; philosophes, généticiens, biologistes, physiciens, cosmologistes, écologistes, etc.

Mais, quand tout est terminé, alors là oui, tu te sens seul, parce que tous ces personnages qui ont emplis ton cerveau, sont maintenant extériorisés sur papier. Alors vite, ça prend un autre projet.

Quelques jours plus tard, alors que mon fils me rendait visite, et connaissant mon ressenti, il me dit : « Dis-donc « Pa », tu devrais te remettre à la composition musical, qu'en penses-tu ? »

Mais, comme j'ai dis à mon fils : « Je ne me sens pas assez inspiré ces temps-ci pour la composition musicale. » C'en est resté là.

Un autre jour où l'on discutait de plein de choses, il me dit alors :

« Je pensais à quelque chose récemment, tu pourrais peut-être écrire un tome 2, pourquoi pas? » J'y ai réfléchi, pas trop longtemps quand même car j'avais déjà le sujet du suicide qui trottait dans ma tête, (que vous avez lu maintenant), mais je ne pouvais écrire un livre strictement sur ce sujet, il y a des spécialistes très compétents pour cela. Si je voulais en parler, il me fallait trouver une façon de l'incorporer à d'autres propos. Il me fallait une évolution logique dans ce livre pour en arriver à inclure ce sujet.

Et je l'ai trouvé, me rendant compte que dans le tome 1, j'ai beaucoup parlé de tous ces phénomènes miraculeux qui sont survenus pour la création de l'Univers jusqu'à nous. Et de l'être humain, j'ai surtout parlé des miracles qui se produisent à l'intérieur de notre corps. Mais qu'en est-il du cheminement de l'être humain dans la vie avec son corps et son cerveau? Et quelle influence peut avoir la famille, la société sur un individu?

Du bébé naissant à l'enfance et à l'adulte, comment cette évolution devrait-elle se faire dans le meilleur des mondes? Et quel sont les manquements, les erreurs à éviter pour assurer une belle croissance de l'être humain, à partir de l'enfance?

Épilogue

Me posant toutes ces questions, je décidai d'écrire ce tome deux sous l'angle psychologique et psychosocial de l'être humain.

En l'écrivant, je me suis rendu compte que, en fait, ce volet de l'être humain, manquait au tome 1, ainsi ce tome deux vient le combler.

Là, je crois bien que j'ai été jusqu'au bout de mes intentions de vous insuffler le goût de la science, de l'émerveillement et de la culture.

FIN

BIBLIOGRAPHIES

Igor et Grichka Bogdanov, *Le Visage de Dieu,* Édition Grasset & Fasquelle, 2010.

Albert Jacquard, *Dieu,* Stock/Bayard, 2003.

Bill Bryson, *Une Histoire de tout, ou presque,* Payot & Rivages, 2011.

Jean-Marie Pelt, *les langages secrets de la nature,* Librairie Arthème fayard,

1996.

David Suzuki, *L'Équilibre Sacré,* Boréal, 2007.

Christophe Fauré, *Après le suicide d'un proche,* Albin Michel, 2007.

Elkhonon Goldberg, *Les prodiges du cerveau,* Robert Laffont, 2007.

Howard Bloom, *Le Principe de Lucifer vol 1,* Le jardin des Livres, 2001.

Le Principe de Lucifer vol 2, Le jardin des Livres, 2003.

Paul C. Bruno, *Débaptisez-moi, pour l'amour de Dieu,* Louise Courteau, 2006.

LES AUTEURS

Bill Bryson :

Il est l'auteur chez Payot de plusieurs best-sellers. Ce livre, *(Une Histoire de tout, ou presque)* a reçu le prestigieux prix Aventis du meilleur livre de vulgarisation scientifique et l'Union européenne lui a décerné le prix Descartes pour la communication scientifique.

Igor Bogdanov est docteur en physique théorique.

Grichka Bogdanov est docteur en mathématique. Ils sont tous les deux chercheurs à l'Université des sciences appliquées de Belgrade.

David Suzuki :

Le docteur David Takayoshi Suzuki, né à Vancouver au Canada, est un généticien célèbre pour sa promotion des sciences et son militantisme écologiste. Il a reçu le prix Nobel alternatif en 2009, ainsi que beaucoup d'autres prix honorifiques.

Howard Bloom :

L'écrivain à succès, il est né en 1943 à Buffalo, New-York. À l'âge de dix ans, il s'intéresse déjà à la science. Il lit beaucoup de grands scientifiques qui deviendront des modèles. Son livre, *Le Principe de Lucifer,* se lit comme un roman, vous ne pouvez plus le lâcher.

Elkhonon Goldberg :

Il est professeur de neurologie à l'école de médecine de l'université de New-York. Il exerce dans le privé comme neuropsycholoque et poursuit des recherches en neurosciences cognitives.

Albert Jacquard :

Malheureusement, décédé en septembre 2013, Albert Jacquard est un généticien français, très connu pour sa lutte incessante en faveur des sans-papiers et des sans –abris aux cotés de l'abbé Pierre et de Mgr Gaillot qui en ont fait une personnalité que les médias s'arrachaient.

Jean-Marie Pelt :

Il est né en 1933, professeur émérite de biologie végétale et de pharmacognosie a l'université de Metz, président de l'institut européen d'écologie.

Dr Chistophe Fauré :

Il est psychiatre en France (Paris), auteur de plusieurs livres de psychologie chez Albin Michel.

Paul C. Bruno :

Ni exégète, ni théologien, ni philologue, ni psychanalyste, Paul C. Bruno est simplement un libre penseur. Un homme qui revendique le droit absolu de penser, de croire et de croître librement. Il a fouillé, étudié, lu et relu une quantité phénoménale au sujet de l'Église Catholique Romaine; de Camus, Sartre et Gide, les Nietzsche et Teilhard de Chardin, les Carl Jung, Krishna Murti et maints autres grands sages de diverses époques, nationalités, culture set religions. Son livre, *Débaptisez-moi pour l'amour de Dieu*, est de ce fait extrêmement bien documenté et digne d'être pris au sérieux.

TABLE DES MATIÈRES

PRÉFACE
INTRODUCTION
Ce temps qui nous échappe!.. 11
OBSESSION 1- Ce temps qui nous échappe. 15
Les bactéries (brièvement).. 22
Les microbes : 22
La sensibilité des plantes 24
Maintenant, est-ce-que les plantes communiquent entre elles?.. 26
La mémoire des plantes 26
Les abeilles.. 31
Les fourmis.. 33
OBSESSION 2 - Le temps d'une vie. 37
L'amour de son bébé... 38
Résultat :... 43
Le Poids des mots... 44
Le langage... 46
Les écrivains 48
OBSESSION 3 - Les différentes « raisons » de se suicider. ... 51
Le Japon... 51
La Chine 53
L'islamisme radical.. 53
Les sectes religieuses 55
L'Ordre du Temple Solaire 55
Le Temple du peuple... 55
Le suicide politique... 57
Le Bouddhisme 58
L'Hindouisme 59
Le cerveau suicidaire 61
Le suicide d'un proche 65
OBSESSION 4- Le libre arbitre.... 75
L'inné(e) 79
L'acquis 80

OBSESSION 5 - Les constantes fondamentales de l'Univers. 83
Autre constat stupéfiant 85
Certaines lois sur terre maintenant 86
Autre lois étrange 86
Autres phénomènes miraculeux ou constats hallucinants ... 86
Le Collagène 87

OBSESSION 6 - L'effet placebo. 91
Croire peut transformer 92
Autres constats intéressants concernant l'effet placebo 93
Recommandations 97

OBSESSION 7 - La sagesse. 101
La sagesse versus l'empathie 103
Le génie, près de la folie! 105
Exemples : 106
Autre exemple : 109
D'où provient l'inspiration? 110
L'intuition 112

OBSESSION 8 - La constante cosmologique. 115
Notre système solaire. (Son gigantisme) 117
Parlant d'expansion. 118
Les saisons 118
L'atmosphère 119
L'eau, l'énergie de la vie 119
Ce temps qui nous échappe 2 : 121
Analogies sur le temps : 122
De l'être humain 123
La pollution 124
Biodiversité 127

OBSESSION 9
L'ignorance 137
La Science 138
Nicolas Copernic (1473-1543) : 140
Giordano Bruno (1548-1600) : 141
Johannes Kepler (1571-1630) : 141
Galileo Galilei (1564-1642) : 141

René Descartes (1596-1650) : 142
Blaise Pascal (1623-1662) : 142
Isaac Newton (1643-1727) : 142
Charles Darwin (1809-1892) : 143
Louis Pasteur (1805-1882) : 144
Albert Einstein (1879-1955) : 144
Galilée, Newton et, ...145
Minkowski (1864-1909) : 146
Hillbert (1862-1943) : 146
Schwarzschild (1873-1916) : 146
Friedmann (1888-1925) : 146
Lemaître (1894-1966) : 147

OBSESSION 10 - Je n'en peux plus 151
La Sainte Trinité : 152
Le péché originel 154
Fabulation totale 155
Contradictions de l'Église 156
Dieu le Père 157
La Sainte Église catholique! 160

Conclusion
Pour en finir avec le temps 169
Donc, le calendrier grégorien…c'est « ben » correct 170

Épilogue - Pourquoi un tome 2 ? 173

De la même maison d'édition

Section jeunesse

Blanc de nuit, Conte de Noël, de Jean-Pierre Veillet-Conte (3 à 13 ans)

Blanc de nuit, Le versant caché de la lune, de Jean-Pierre Veillet-Conte (3 à 13 ans)

Blanc de nuit, L'aurore boréale des émotions, de Jean-Pierre Veillet-Conte (3 à 13 ans)

Le secret de la clé des lutins, de Jean-Pierre Veillet- Conte (3 à 10 ans)

Les gardiens du temps, Les perles magiques, de Danny Rotondo (8 ans et +)

Lielos, L'autre monde, tome 1, de Jean-Pierre Veillet (7 à 77 ans)

Lielos, La chaleur de l'amour éternel, tome 2, de Jean-Pierre Veillet (7 à 77 ans)

Lielos, Le rituel de la transition, tome 3, de Jean-Pierre Veillet (7 à 77ans)

Lielos, Le cycle de la vie, tome 4, de Jean-Pierre Veillet (7 à 77 ans)

Pico l'oiseau et sa maison de rêve, de Marika Lemay-Conte (2 à 7 ans)

Section jeune grand

Blaze, de Yves Roch Mallette

L'invention du clown, de Jean-Pierre Veillet

L'obsession du temps, de Bernard Joly

J'ai des p'tites nouvelles pour toi, de Thérèse Bibeau

Premier amour et sanglots virtuels, de Tere Isidor

Section Art

Daemondala, de « l'illustrateur » Allex Bel

Achevé d'imprimer au Québec
en juillet 2017